U0271263

北京花开

写给大家看的植物书

【珍藏版】

韩静华 著

科学普及出版社
·北 京·

图书在版编目（CIP）数据

北京花开：写给大家看的植物书（珍藏版）/ 韩静华著．—北京：科学普及出版社，2017.3
ISBN 978-7-110-09511-9

Ⅰ．①北… Ⅱ．①韩… Ⅲ．①植物—北京—图集
Ⅳ．① Q948.51-64

中国版本图书馆 CIP 数据核字 (2016) 第 315188 号

策划编辑	李　红　何红哲
责任编辑	李　红　何红哲
装帧设计	北林绿像素工作室
责任校对	杨京华
责任印制	李春利

出　　版	科学普及出版社
发　　行	中国科学技术出版社发行部
地　　址	北京海淀区中关村南大街 16 号
邮　　编	100081
发行电话	010-62173865
传　　真	010-62173081
网　　址	http://www.cspbooks.com.cn

开　　本	787mm x 1092mm　1/16
字　　数	150 千字
印　　张	16
版　　次	2017 年 3 月第 1 版
印　　次	2017 年 3 月第 1 次印刷
印　　刷	北京科信印刷有限公司
书　　号	ISBN 978-7-110-09511-9/Q・209
定　　价	78.00 元

前言

北京是国家历史文化名城和世界上拥有世界文化遗产最多的城市，三千多年的历史孕育了故宫、天坛、八达岭长城、颐和园等众多名胜古迹。北京之美不仅在于山水和名胜古迹，也在于花草树木，它们使北京四季分明，美化了首都的环境和生活，愉悦了人们的身心。

本书精选了北京日常常见的 130 多个园林绿化植物品种 ，它们生长在我们的小区、单位和公园的绿地中，可以说视线所及随处可见，但对它们我们却知之甚少。

本书以植物开花时间为序，供读者阅读和对照实物；每种植物以 1 ~ 2 张最具观赏特征的大图为主，不仅图片精美，还能展现出植物的本真形态与细节特征；北京古树名木众多，图片拍摄和内容上突出北京地域特色，如太庙的古柏、故宫的古楸树、颐和园的古柳、北海的白皮松、大觉寺的千年银杏等。

由于每年的气候和天气状况不同，各种花的花期在不同年份会有所差异，有时相差 20 天，如今年（2017 年）的花期就较往年提前了 15 天左右，因此，本书的排序是按照多年观测、以花期适中的年份来进行，不专指某一年的情况。

对大家容易混淆的植物，本书提供了快速易懂的区分办法，如迎春与连翘，牡丹与芍药，金银木与金银花，鹅掌楸、杂交鹅掌楸、北美鹅掌楸，美桐、英桐、法桐以及梧桐，臭椿与香椿，现代月季与玫瑰，刺槐与槐，山楂与山里红，绦柳与垂柳等。

对近几年在北京园林绿化中新引入的优良品质，本书亦有科学的介绍，如现代海棠、现代月季、美国红枫、菊花桃和寿星桃等。

在文字描述方面，力求简洁准确，其学名和物种描述主要参考 *Flora of China*（《中国植物志》英文版），除必要的植物学知识外，还特别注重挖掘植物中所蕴含的传统文化，如香椿和萱草指代父母，桑树和梓树代称故乡，紫荆表示家庭和睦和兄弟亲情，负荆请罪中的荆条，凤栖梧桐等；植物与古代诗词也有着密切的关系，从《诗经》到唐诗宋词，很多诗句不仅展现了意境之美，也反映了诗人对植物的深刻了解。

尤其值得一提的是本书为105种植物配套设计了独立而生动的数字内容，扫描植物名称旁边的二维码即可浏览到更多信息，扩展了纸质图书的信息承载量；图书建有“植生活”微信公众号，根据时节变化，向读者推送植物资讯，以满足不同层次的广大植物爱好者的阅读渴求。

全书图文并茂，具有很强的科学性、文化性、艺术性和时代性，使读者在欣赏植物、快速辨识植物、发现植物之美的同时，感悟大自然之美、首都北京之美。

韩静华

2017年2月28日

本书二维码使用说明

读者使用手机扫描植物名称旁边的二维码，即可在Plantlife.cn网站查看关于此植物的更多知识。每种植物都包括“基本资料”“趣闻”“精美图片”三大部分，点击导航菜单可在各部分之间相互切换。本部分内容由北林绿像素工作室负责设计制作、更新和维护。

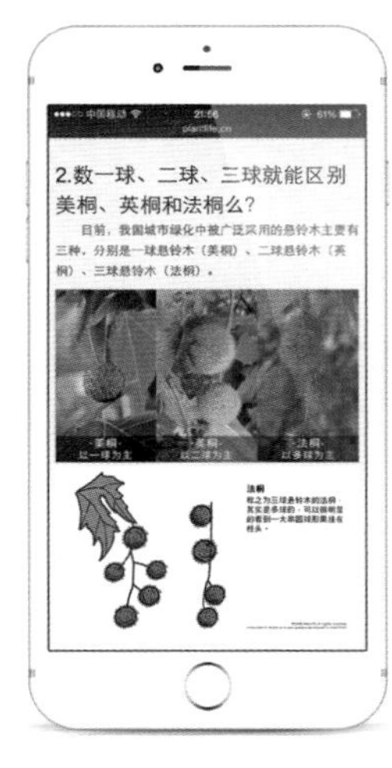

请关注「植生活」/
了解更多植物知识
/爱植物 爱生活

目录

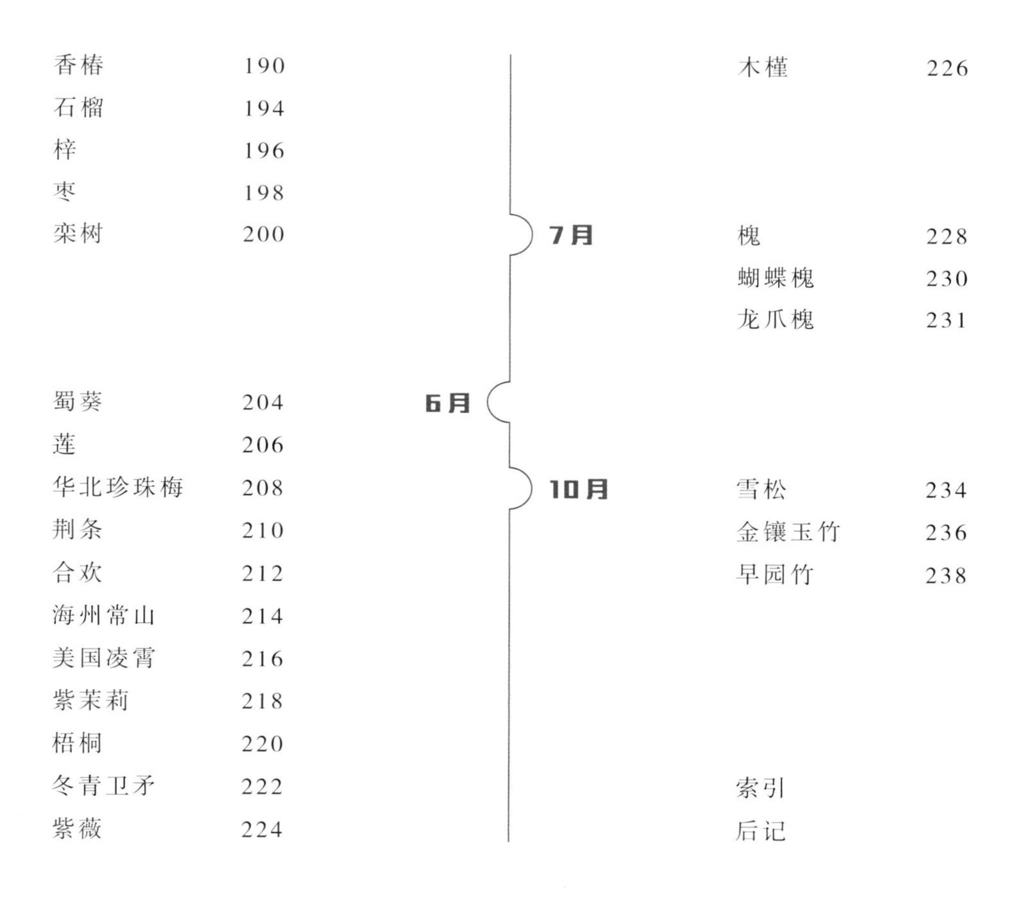

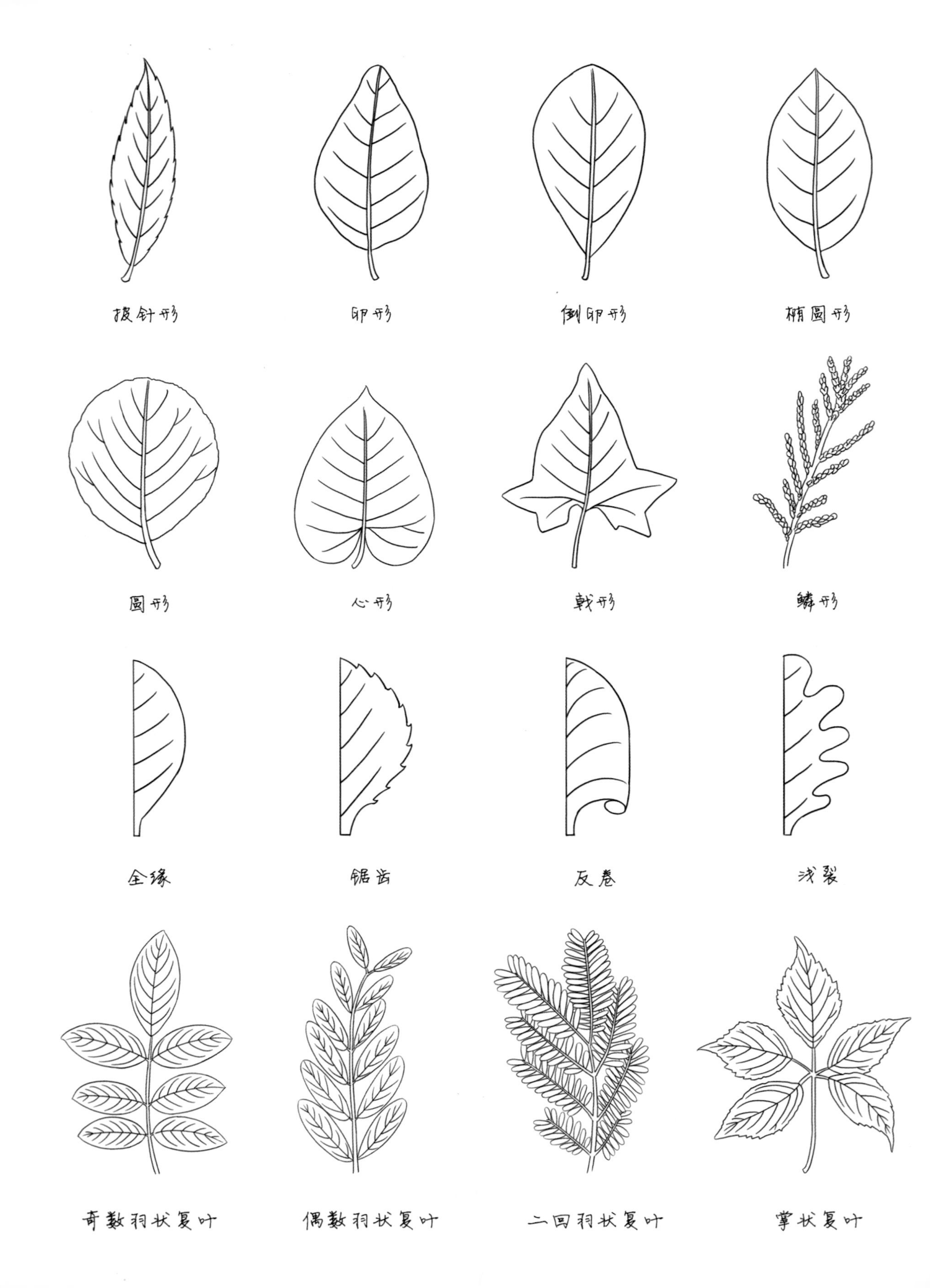
披针形
卵形
倒卵形
椭圆形
圆形
心形
戟形
鳞形
全缘
锯齿
反卷
浅裂
奇数羽状复叶
偶数羽状复叶
二回羽状复叶
掌状复叶

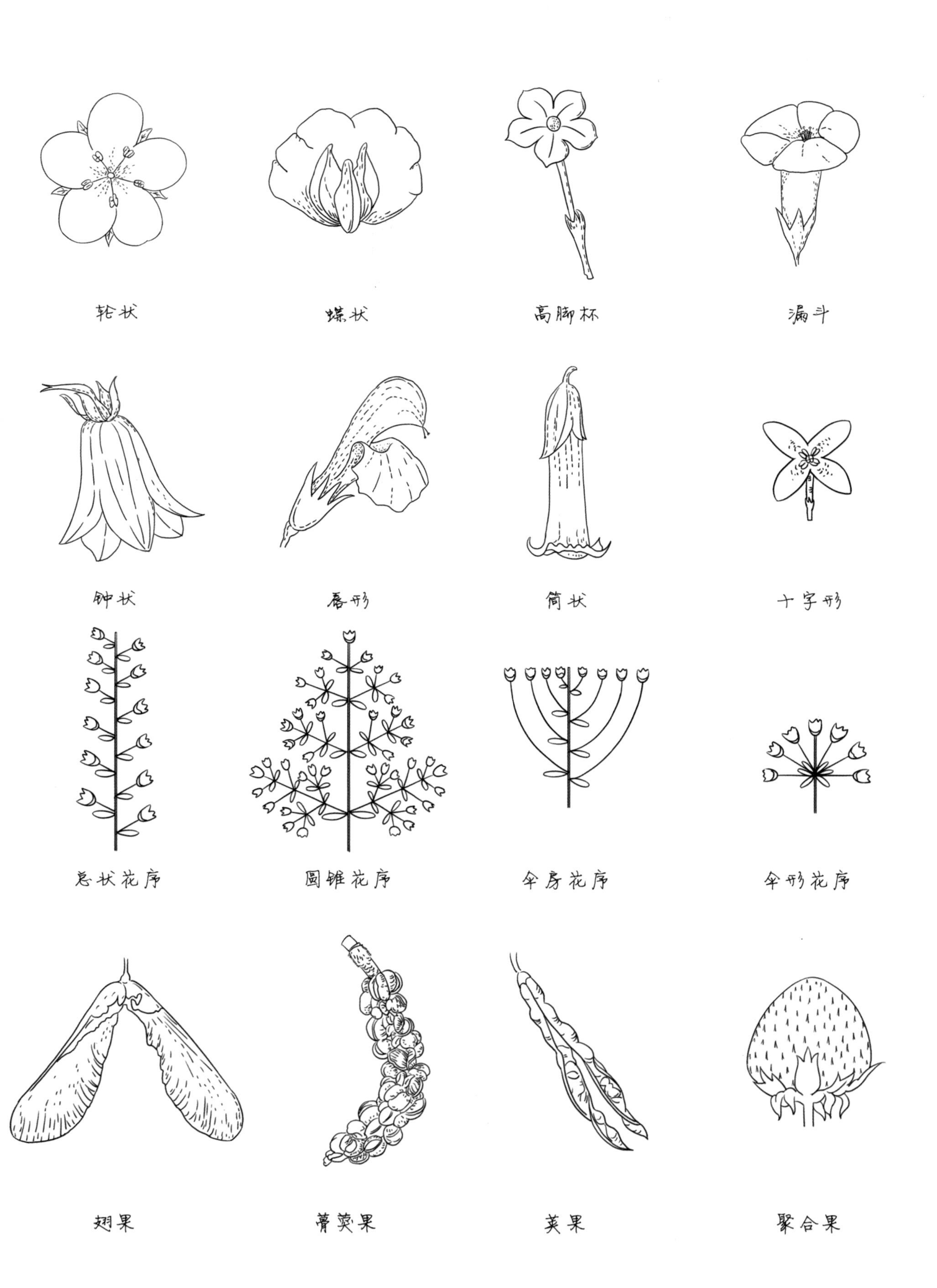

轮状
蝶状
高脚杯
漏斗
钟状
唇形
筒状
十字形
总状花序
圆锥花序
伞房花序
伞形花序
翅果
蓇葖果
荚果
聚合果

素心蜡梅

蜡梅科 | 蜡梅属

蜡梅

Chimonanthus praecox

落叶灌木，原产于我国中部和东部，现广为栽培。枝灰色，具疣状皮孔。单叶对生，具短柄，全缘，纸质或近革质。花单生，先叶开放，芳香，花瓣黄色蜡质；在北京花期 1—3 月。果期 9—10 月。蜡梅品种较多，是我国特产的传统名贵观赏花木。

罄口蜡梅

蜡梅有时亦被写作“腊梅”，意指腊月开放，然蜡梅得名于其花被片呈蜡质黄色，故应用“蜡”字，权威植物学书籍《中国植物志》以“蜡梅”作为其唯一的中文学名 。

北京赏蜡梅好去处：北京植物园卧佛寺、颐和园乐农轩、中山公园惠芳园、大观园栊翠庵、香山公园梅沟等。

木樨科 | 素馨属

迎春

Jasminum nudiflorum

落叶灌木，原产于我国中部和北部。枝条细长，呈拱形下垂，侧枝四棱形，绿色。三出复叶对生，小叶卵状椭圆形，全缘。花单生于叶腋间，先叶开放，花冠高脚杯状，鲜黄色，顶端通常 6 裂；花期 3—5 月，可持续 50 天之久。

迎春因其在百花之中开花较早，花后即迎来百花齐放的春天而得名。

迎春和连翘都是早春绽放的金黄色小花，如何快速区别它们呢？这其实不难，首先是数一数花的裂片，迎春有5～6个裂片，而连翘有4个；此外，迎春的枝条呈绿色，而连翘的枝条呈黄褐色或褐色。详见32—33页。

杨柳科 | 杨属

毛白杨

Populus tomentosa

落叶乔木，是我国特有植物。树干灰绿或灰白色，有菱形皮孔。单叶互生，三角状卵形，边缘具波状齿且下面常生有灰白绒毛。花雌雄异株，均为多毛的下垂柔荑（róu tí）花序，雄花序褐色，雌花序绿色，先叶开放，花期3月。果实为蒴果，种子上有白色棉毛，果期4—5月。

雄花序

毛白杨种子上有白色棉毛，成熟后随风飘散，种子也随之播散到各个角落，是北京春天飞絮的主要来源之一。毛白杨耐寒耐旱，生长迅速，是北京和华北地区的重要木材树种，也是常见的行道树和公园绿化以及防风固沙树种。

榆科 | 榆属

榆树

Ulmus pumila

又名家榆。落叶乔木，分布于我国长江以北各省。树皮粗糙、纵裂。单叶互生，卵形或椭圆状披针形，基部稍偏斜，边缘具重锯齿或单锯齿。花先叶开放，簇生，花期 3 月。翅果近圆形，先端凹陷，中央为种子，周边是一圈果翅，果期 4—5 月。

榆树的翅果形似古代铜钱，因此被称为榆钱。嫩榆钱味甘甜美，可生食。著名作家刘绍棠曾写过散文《榆钱饭》，那味道是很多人一抹难忘的童年记忆。榆树木材坚韧，纹理通达清晰，与南方产的榉树有“北榆南榉”之称，都是优良的家具用材。

蔷薇科 | 桃属

山桃

Amygdalus davidiana

落叶小乔木，分布于我国南北各省。树皮暗紫色，光滑。叶卵状披针形，两面无毛，边缘有细锐锯齿。花单生，先叶开放，无柄，花瓣5枚，呈浅红色或白色，花期3—4月，早于碧桃。果实近球形，果肉薄而干，不可食；核圆而小，表面有凹沟，内有种子一枚，果期7—8月。

春天人们去京郊爬山踏青时，看到的漫山遍野的花海主要就是山桃花和山杏花。山桃树皮呈暗紫色，光滑，这是它的一个重要识别特征。

蔷薇科 | 杏属

山杏

Armeniaca sibirica

落叶灌木或小乔木，分布于我国东北、内蒙古及华北地区，北京重要乡土树种。叶片呈卵形或近圆形，先端渐尖，边缘有细钝锯齿。花单生，先叶开放，花瓣5枚，白色或粉红色；花萼紫红色，反折；花期3—4月。果实扁球形，黄色或橘红色，果小肉薄，成熟时开裂，味酸涩不可食；核扁球形，易与果肉分离，表面较平滑，腹面宽而锐利；种仁味苦，果期6—7月。

山杏果肉虽不可食，但山杏仁却是市面上盐水杏仁和杏仁露所用的主要原料之一。山杏仁含有大量的氰化物，通常很苦，所以又叫苦杏仁。氰化物毒性很大，55 颗（约 60 克）苦杏仁所含的氰化物就会致人死亡，电视剧《甄嬛传》中安陵容就是因苦杏仁而毙命的，所以千万不要吃未经处理的生的苦杏仁。市面上所售的山杏仁都是经过高温处理的，大家可以放心食用。

木兰科 | 玉兰属

玉兰
Yulania denudata

又名白玉兰、望春花。落叶乔木，原产于我国中部，现广为栽培。冬芽大，密被灰绿色或灰黄色绒毛。单叶互生，纸质，倒卵形，全缘。花先叶开放，大而美丽，花被片 9 枚，萼片与花瓣无明显区别，白色，基部常带粉红色，可食用，花期 3—4 月。聚合蓇葖（gū tū）果，红色，圆柱形，果期 9—10 月。

玉兰花大而洁白、芳香，早春白花满树，十分美丽，是驰名中外的珍贵庭园观花树种。将其与海棠、迎春、牡丹、桂花等植物配植在一起，即为中国传统园林中“玉堂春富贵”意境的体现。

玉兰为上海市市花，上海电视节“白玉兰”奖即以市花命名。

飞黄玉兰 | 木兰科　玉兰属

Yulania denudata 'Feihuang'

玉兰品种。花淡黄色至淡黄绿色，花瓣有些凸凹不平，香味浓郁，树形美观。花期比玉兰晚 15 ~ 20 天。

木兰科 | 玉兰属

二乔玉兰

Yulania × soulangeana

落叶大灌木或小乔木，是玉兰和紫玉兰的杂交种，我国分布广泛。叶片倒卵圆形，表面绿色，具光泽且背面淡绿色，有柔毛。花先叶开放，花被片 6 ~ 9 枚，萼片与花瓣无明显区别，淡紫红色、玫瑰色或白色，具有紫红色晕或条纹，花期 4 月。聚合蓇葖果，卵形或倒卵形，熟时黑色，果期 9—10 月。

北京的紫玉兰其实很少，一些颜色较深的二乔玉兰通常被误认为是紫玉兰。它们的主要区别在于花被片：紫玉兰花被片 9 ~ 12 枚，外轮 3 枚为披针形萼片状，紫绿色或绿色，内轮 6 ~ 9 枚紫红色花瓣；二乔玉兰花被片 6 ~ 9 枚，萼片与花瓣则没有明显区别。

紫玉兰外轮被片

颐和园西堤古柳

杨柳科 | 柳属

旱柳

Salix matsudana

落叶乔木，分布于我国北方地区，品种有馒头柳、绦柳、龙爪柳。小枝黄色，略下垂。单叶互生，披针形，边缘有细锯齿且下面灰白色。花雌雄异株，雄花序和雌花序均为柔荑花序，与叶同放，花期3月。蒴果，种子具有丝状毛，成熟后随风飘散，是北京春天飞絮的来源之一，果期4—5月。

杨 柳 科 ｜ 柳 属

馒头柳

Salix matsudana f. umbraculifera

旱柳的变型。分枝密，端稍整齐，树冠半圆形，状如馒头。

春夜洛城闻笛

【唐】李白

谁家玉笛暗飞声，散入春风满洛城。
此夜曲中闻折柳，何人不起故园情？

杨柳科 | 柳属

绦柳

Salix matsudana f. pendula

旱柳的变型。枝长而下垂，常被误认为垂柳。区别在于绦柳小枝黄色，叶为披针形且下面苍白色或带白色；垂柳小枝褐色且叶为狭披针形或线状披针形，下面带绿色。

柳与“留”谐音，古人送别常折柳相赠，表依依惜别之情。“折柳”赠别之风在唐宋盛行，因此有“灞桥折柳”的成语。

蔷薇科 | 樱属

东京樱花
Cerasus × yedoensis

落叶乔木，原产于日本，由大岛樱和江户彼岸樱杂交而来，我国各地均有栽培。叶片椭圆卵形或倒卵形，先端渐尖，边缘有尖锐重锯齿。伞形总状花序，先叶开放，花瓣5枚，顶端内凹，花瓣初时白色或粉红色，后基部变为红色，花期3—4月。核果近球形，黑色，果期5月。

东京樱花品种：染井吉野

樱桃是樱花结出的果实吗？

樱花是著名的观花植物类群，但大部分品种所结的果实并不美味，我们常吃的樱桃主要有两种，即樱桃 *Cerasus pseudocerasus* 和欧洲甜樱桃 *Cerasus avium*（车厘子）。

蔷薇科 | 樱属

毛樱桃

Cerasus tomentosa

落叶灌木，分布于我国北方地区。叶片卵状椭圆形或倒卵状椭圆形，边缘有急尖或粗锐锯齿，双面均有绒毛。花单生或2朵簇生，与叶同放或先叶开放，近无梗，花瓣白色或粉红色，呈倒卵形，花期3—4月。核果近球形，果形小，鲜红或乳白色，味甜酸，可食用，果期6—9月。

木樨科 | 连翘属

连翘

Forsythia suspensa

落叶灌木，原产于我国中部和北部，是早春优良观花植物和著名药用植物。枝开展呈拱形，节间中空。叶对生，单叶或羽状三出复叶，边缘有锯齿。花单生或数朵生于叶腋，先叶开放，花冠黄色，裂片4，花期3—4月。蒴果卵球形或长椭圆形，2瓣裂，果期7—9月。

日常生活中，连翘果实常与金银花搭配入药，如我们熟悉的“维C银翘片”和“双黄连口服液”。维C银翘片的主要成分是金银花和连翘，双黄连口服液的主要成分是双花（金银花的别称）、黄芩和连翘。

迎春 | 木樨科　素馨属

Jasminum nudiflorum

识别要点：

（1）花冠通常6裂。

（2）枝条绿色，四棱形。

（3）枝条呈拱形下垂生长。

连翘 | 木樨科　连翘属

Forsythia suspensa

识别要点：

（1）花冠通常4裂。

（2）枝条黄褐色或褐色，节间中空。

（3）枝条开展呈拱形。

蔷薇科 | 杏属

梅

Armeniaca mume

落叶小乔木，原产于我国南方。小枝通常绿色，光滑无毛。叶卵形或椭圆形，先端尾尖，边缘有小锐锯齿。花粉红、白色或红色，先叶开放，近无梗，芳香，在北京花期3—4月。果近球形，黄色或绿白色，被柔毛，味酸，果期7—8月。梅花香色俱佳，品种极多，是我国著名的观赏花木。

梅的品种（从左至右）：玉台照水、淡丰后、乌羽玉

梅 花

【唐】崔道融

数萼初含雪，孤标画本难。香中别有韵，清极不知寒。
横笛和愁听，斜枝倚病看。朔风如解意，容易莫摧残。

我国有300多个梅花品种，根据最新梅花分类体系，将其分为11个品种群，即单瓣（江梅）品种群、宫粉品种群、玉蝶品种群、黄香品种群、绿萼品种群、跳枝（洒金）品种群、朱砂品种群、垂枝品种群、龙游品种群、杏梅品种群和樱李梅（美人梅）品种群。

蔷薇科 | 杏属

美人梅

Prunus × blireana

落叶小乔木，是紫叶李和宫粉梅的杂交种，19 世纪末首先在法国育成。枝叶似紫叶李，叶互生，广卵形至卵形，紫红色。花较似梅，淡紫红色，半重瓣或重瓣，花叶同放，繁密有香味，花期 3—4 月。果实近球形，鲜红色，果期 5—6 月。

重瓣麦李

蔷 薇 科 | 樱 属

麦李

Cerasus glandulosa

落叶灌木，常见于各地庭园栽培观赏。叶片呈卵状长椭圆形至椭圆状披针形，叶片边缘有细钝重锯齿。花单生或 2 朵簇生，花叶同开或近同开；花瓣白色或粉红色，倒卵形，花期 3—4 月。核果红色或紫红色，近球形，果期 5—8 月。

杨柳科 | 杨属

加杨
Populus × canadensis

又名加拿大杨。高大乔木，分布广泛，是美洲黑杨与欧洲黑杨的杂交种。树皮粗厚深沟裂，深灰色。叶呈三角形或三角状卵形，一般长大于宽，有圆锯齿，上面暗绿色，下面淡绿色，叶柄侧扁而长。雄花序长 7 ~ 15 厘米，雌花序有花 45 ~ 50 朵，花期 4 月。蒴果卵圆形，2 ~ 3 瓣裂，果期 5—6 月。

加杨和毛白杨都是北京地区常见的行道树，如何快速区别它们呢？最直观的办法是看树皮：成年加杨树皮呈暗灰色，表面纵裂深刻，非常粗糙；毛白杨树皮呈灰绿或灰白色，有明显的散生菱形皮孔（见第 6 ~ 7 页“毛白杨”）。

黄杨科 | 黄杨属

黄杨

Buxus sinica

俗称小叶黄杨。常绿灌木或小乔木，原产于我国。单叶对生，叶形较小，革质，叶面光亮，椭圆或倒卵形，全缘，先端常有小凹口。花簇生叶腋或枝端，花密集，黄绿色，无花瓣，花期3月。蒴果，近球形，具有3枚宿存花柱，果期6—7月。

黄杨不仅枝叶茂密，色泽鲜绿，耐寒常青，而且耐修剪，是常见绿篱植物，北京栽培很多。

黄杨的木质细腻坚韧，生长速度极慢，四五十年的直径仅有15厘米左右，所以有“千年难长黄杨木”的说法，是非常优良的雕刻用材。

蔷薇科 | 桃属

榆叶梅

Amygdalus triloba

落叶灌木，北方栽培多。单叶互生，宽椭圆形至倒卵形，边缘有粗锯齿或重锯齿。花 1 ~ 2 朵生于叶腋，先叶开放，花瓣 5 枚，粉红色，花期 3—4 月。核果近球形，红色，外被短柔毛，果期 5—7 月。

蔷薇科 | 桃属

重瓣榆叶梅

Amygdalus triloba 'Plena'

榆叶梅品种。花朵密集艳丽，是北京地区常见的早春观花树种。花重瓣，粉红色，萼片通常 10 枚。

榆叶梅因其叶片像榆树叶，花朵似梅花而得名。

菊科 | 蒲公英属

蒲公英
Taraxacum mongolicum

又名黄花地丁、婆婆丁。多年生草本植物，在我国广泛分布。植株具有白色乳汁。单叶基生，莲座状，一般为大头倒羽裂，全缘或有数齿。头状花序，舌状花，鲜黄色，花期3—9月。瘦果倒卵状披针形，暗褐色，冠毛白色，果期4—10月。

蒲公英是菊科植物，我们看到的蒲公英花其实是由很多小花组成的一个头状花序。蒲公英的种子很轻，上面有伞状的冠毛，风一吹，种子便随风飘散。种子落地后遇到合适的条件，就会生根发芽，成为一棵新的蒲公英。

“蒲公英妈妈准备了降落伞，
把它送给自己的娃娃。
只要有风轻轻吹过，
孩子们就乘着风纷纷出发。”
——人民教育出版社二年级上册读本《植物妈妈有办法》

蔷薇科 | 苹果属

西府海棠

Malus spectabilis var. *riversii*

又名重瓣粉海棠。落叶小乔木，我国特有植物，分布广泛。树姿直立。叶片长椭圆形或椭圆形，边缘有紧贴细锯齿。花序近伞形，有花 4 ~ 6 朵，花蕾时深粉红色，开放后淡粉红色至近白色，有香气，花期 4—5 月。果实近球形，黄色，果期 8—9 月。

如梦令

【宋】李清照

昨夜雨疏风骤，浓睡不消残酒。
试问卷帘人，却道海棠依旧。
知否？知否？应是绿肥红瘦。

西府海棠因生长于西府（今陕西省宝鸡市）而得名，是我国传统名花之一。西府海棠花姿潇洒，既香且艳，素有“花中神仙”“花贵妃”“国艳”之誉。历代文人墨客多有脍炙人口的诗句赞赏海棠，据考证，诗词中的“海棠”多为西府海棠。

蔷薇科 | 苹果属

垂丝海棠
Malus halliana

落叶小乔木，因其花梗细弱，花朵下垂而得名。树冠开展。叶片呈卵形或椭圆形至长椭卵形，边缘有圆钝细锯齿。伞房花序，花梗紫色下垂，花瓣粉红色，花期4月。果实梨形或倒卵形，略带紫色，果期9—10月。

垂丝海棠和西府海棠的分辨要点：

垂丝海棠树型开展，花梗细长紫色，花蕾向上，开花后下垂，颜色较西府海棠娇艳，无香气；

西府海棠树姿直立收拢，花梗略短绿色，花蕾红艳，花朵向上，开花后变粉，有香气。

蔷薇科 | 苹果属

现代海棠
Malus sp.

俗称北美海棠。落叶乔木、小乔木或灌木，原产于美国，北京有引种。叶片长椭圆形或椭圆形，有绿色、红色、紫色等不同颜色；伞房或伞形总状花序，单瓣或重瓣，花色极为丰富，分为白色、粉色、紫色、红色等色系，花期4月。果实有红、黄、紫等色，果期8—12月。

现代海棠品种（从左至右）：高原之火、王族、罗宾逊、白兰地

现代海棠具有很好的观赏效果，既可观花又可观果，耐寒性强，适合在我国北方种植。主要品种有高原之火、王族、罗宾逊、白兰地、道格、火焰、宝石、凯尔斯、绚丽、红玉、红丽、钻石、草莓果冻、冬红果、粉芽、雪球等。

蔷薇科 | 木瓜属

木瓜海棠
Chaenomeles sp.

包括贴梗海棠（皱皮木瓜）等种类杂交选育而来的品种群。落叶灌木，原产于我国。枝条直立开展，有刺。单叶互生，卵形，边缘有锯齿，两面光滑无毛。花先叶开放，3～5朵簇生，花梗极短，花瓣5枚，猩红色、淡红色或白色，花期4—5月。梨果，球形或卵球形，黄色或黄绿色，果期9—10月。

木瓜海棠属的贴梗海棠果实干后果皮会皱缩，所以也叫“皱皮木瓜”，其果实虽可食用，但多入药。人们经常吃的木瓜水果原产于热带美洲，果肉甜软多汁，准确的名字应该叫“番木瓜（*Carica papaya*）”。

木樨科 | 丁香属

紫丁香

Syringa oblata

又名华北紫丁香。落叶灌木或小乔木，原产于我国，北方栽培多，著名观赏植物。单叶对生，心形，全缘，两面无毛。圆锥花序，花两性，极芳香，花冠紫色，高脚杯状，前端4裂，开展，花期4—5月。蒴果，长圆形，顶端尖，成熟时为黄褐色，2裂，果期6—10月。

木樨科 | 丁香属

白丁香

Syringa oblata 'Alba'

紫丁香的白花品种。花冠白色，叶片较小，近心形，背面有疏生绒毛。

丁香花未开时，其花蕾密布枝头，称丁香结。唐宋以来，诗人常以丁香结比喻愁思，用来写夫妻、情人或友人间深重的离愁别恨，如李商隐的“芭蕉不展丁香结，同向春风各自愁”和李璟的“青鸟不传云外信，丁香空结雨中愁”。

蔷薇科 | 棣棠属

棣棠

Kerria japonica

落叶灌木，我国分布广泛。小枝绿色，有棱。叶互生，三角状卵形或卵圆形，边缘有尖锐重锯齿。花单生于侧枝顶端，花瓣 5 枚，黄色，宽椭圆形，顶端下凹，花期 4—6 月。瘦果，褐色或黑褐色，果期 6—8 月。

蔷薇科 | 棣棠属

重瓣棣棠

Kerria japonica 'Pleniflora'

棣棠品种。花重瓣，我国南北各地普遍栽培，供观赏用。

棠棣究竟是什么花？

《诗经·小雅·常棣》有 “常棣之华，鄂不韡韡（wěi）。凡今之人，莫如兄弟”一诗，以常棣之花比喻兄弟。常棣亦作棠棣，那棠棣就是棣棠吗？答案：非也。现在有两种说法比较普遍，一种观点认为棠棣是郁李，另一种认为是杜梨。

壳斗科 | 栎属

栓皮栎

Quercus variabilis

又名软木栎。落叶乔木，分布于我国南北各省。单叶互生，卵状披针形或长椭圆形，边缘有芒刺状锯齿，叶背灰白。花雌雄同株，雄花序呈下垂的柔荑花序，雌花单生或几个聚生，花期4—5月。坚果，近球形或宽卵形，外有杯状的壳斗，包围坚果2/3以上，果脐突起，果期9—10月。

栓皮栎树皮黑褐色，条状纵裂，木栓层很发达，是生产软木的主要原料。用这种软木做成的软木塞素有葡萄酒“守护神”的美誉，柔软而富有弹性，能很好地密封瓶口，又不完全隔绝空气，使得葡萄酒口感更加醇香，所以一直以来被认为是理想的葡萄酒瓶塞。

国家二级保护植物

杜仲科 | 杜仲属

杜仲
Eucommia ulmoides

落叶乔木，原产于我国长江流域，全国各地多有栽培。皮、枝、叶和果翅均含胶质，折断有白色胶丝。树皮灰色，小枝光滑。单叶互生，卵状椭圆形、薄革质。花雌雄异株，无花被，生于当年枝基部，花期4—5月。翅果扁平，长椭圆形，先端下凹，果期10—11月。

杜仲树皮为名贵中药，被《神农本草经》列为“多服久服不伤人”的上品。
杜仲同时也是为数不多的树皮被环形剥离后还能再生的树种，但即便如此，也应该尽量保护母树，对剥离方法、时间和树龄都有很高要求。

蔷薇科 | 李属

紫叶李

Prunus cerasifera 'Atropurpurea'

又名红叶李。落叶小乔木，我国各地广泛栽培。小枝暗红色，无毛。单叶互生，卵形或卵状椭圆形，边缘有圆钝锯齿，绿中带红或紫红色。花较小，通常单生，花瓣5，粉白色，与叶同放，花期4—5月。核果小，椭圆形或近球形，具有浅侧沟，暗红色，果期8月。

蔷薇科 | 李属

紫叶矮樱

Prunus × cistena

落叶灌木或小乔木，是紫叶李和樱属植物的杂交品种，全国各地均有栽培。叶卵形至卵状长椭圆形，紫红色，边缘有不整齐细齿。花较小，淡粉红色，花萼及花梗红棕色。果紫色。抗寒性强，耐修剪。

槭树科 | 槭属

美国红枫

Acer rubrum

又名红花槭。落叶乔木，原产美国和加拿大，北京有引种。树型直立向上，树冠呈椭圆形或圆形，开张优美。单叶对生，叶片 3 ~ 5 裂，边缘有不规则锯齿，秋季叶子变红色或橙黄色，鲜艳夺目。花红色，先叶开放，花期 3—4 月。翅果成锐角，多呈微红色，成熟时变为棕色，果期 9—10 月。

美国红枫生长迅速，树冠整洁，秋季色彩夺目，是近几年引进的优良彩叶树种，既可以园林造景又可以做行道树，主要品种有秋火焰、十月光辉、落日红枫、落日红、秋日烈焰、阿姆斯郎、北木、夏日红、太阳谷、勃垦第百丽等。

木樨科 | 梣属

洋白蜡

Fraxinus pennsylvanica

又名美国红梣。落叶乔木，原产于北美，北京常见行道树。奇数羽状复叶对生，小叶 7 ~ 9 枚，长圆状披针形，边缘有不明显钝锯齿。花雌雄异株，圆锥花序，生于去年生枝上，与叶同放，花期 4 月。翅果，狭倒披针形，脉棱明显，果期 8—10 月。

洋白蜡是北京秋季最先变黄的植物，金黄色的洋白蜡在蓝天的映衬下异常绚烂。但它总是迅速完成从变色到落叶的全过程，金灿灿的叶子，秋风一扫便飘然而落。也正因如此，加之又需要和蓝天阳光的配合，所以秋季赏洋白蜡的日子便更加珍贵和难得。

蔷薇科 | 桃属

桃

Amygdalus persica

落叶小乔木，原产于我国北方，现广泛栽培，品种很多。小枝红褐色或褐绿色。单叶互生，椭圆状披针形，边缘有锯齿。花单生，先叶开放，花瓣5枚，通常粉红色，花期4—5月。核果，卵形、宽椭圆形或扁圆形，外面密被短柔毛，腹缝明显，果肉厚而多汁，果期6—9月。

元 日

【宋】王安石

爆竹声中一岁除，春风送暖入屠苏。
千门万户曈曈日，总把新桃换旧符。

春联起源于桃符。相传桃木具有辟邪的作用，因此古人将桃木板上刻字，悬挂于门首，起到祈福避祸之功效，称为“桃符”，后来慢慢演变为现在的春联。

蔷薇科 | 桃属

碧桃

Amygdalus persica 'Duplex'

桃的品种。花较小，粉红色，重瓣或瓣重瓣。

蔷薇科 | 桃属

紫叶桃

Amygdalus persica ' Atropurpurea

桃的品种，又名紫叶碧桃、红叶桃。嫩叶紫红色，后变为近绿色。花重瓣，红色，繁密。

蔷 薇 科 | 桃 属

菊花桃

Amygdalus persica 'Stellata'

桃的品种。花桃红色，花瓣细而多，形似菊花。

蔷 薇 科 | 桃 属

寿星桃

Amygdalus persica 'Densa'

桃的品种。植株矮小，枝条的节间极短，花芽密集。花单瓣或半重瓣，红色或白色。

小檗科 | 小檗属

紫叶小檗

Berberis thunbergii 'Atropurpurea'

落叶小灌木，原产于日本，现为我国北方常用红叶绿篱植物。多枝，节部具有不分叉的刺。叶通常簇生，匙形或倒卵形，基部下延成短柄，全缘，阳光充足情况下常年紫红色。花小，单生或簇生，花瓣黄色，花期4—5月。浆果，椭圆形，红色，果期8—10月。

紫叶小檗（bò）的根和茎含小檗碱，小檗碱又称黄连素，是用于治疗肠道感染的植物抗菌素，存在于小檗科等 4 个科 10 个属的许多植物中。我们常用“黄连素”药片来治疗肠胃炎，其别名就是“盐酸小檗碱片”。

豆科 | 锦鸡儿属

红花锦鸡儿

Caragana rosea

又名金雀儿。落叶灌木，分布于我国长江以北地区，北京山区常见。小枝细长，有棱有刺。小叶 4 枚，假掌状排列，楔状倒卵形，先端圆钝或微凹，有刺尖。花单生，花冠蝶形，初开时黄色，后黄中带红色，凋时整体变红色，花期 4—6 月。荚果，圆筒形，有尖刺，果期 6—8 月。

蔷薇科 | 樱属

日本晚樱

Cerasus serrulata var. lannesiana

落叶乔木，原产于日本，我国广泛栽培。叶椭圆状卵形，边缘有锯齿和芒刺。花 3 ~ 6 朵簇生为伞房状总状花序，花序梗短，花叶同放，重瓣居多，粉红色或白色，有香气，花期 4 月，比东京樱花晚而长，著名观赏植物。

玄参科 | 泡桐属

毛泡桐

Paulownia tomentosa

落叶乔木，原产于我国，北京常见。树冠宽大伞形，树皮褐灰色。单叶对生，叶片大，卵状心形，全缘或3~5浅裂。聚伞圆锥花序，先叶开放，花冠漏斗状钟形，紫色，腹部有两条纵褶，内有深紫色斑点和黄色条纹，花期4—5月。蒴果，卵圆形，种子小而多带翅，果期8—9月。

泡桐木质轻而韧，导音性好，自古便是制作琴瑟等乐器的上好材料。《诗经·国风·鄘(yōng)风》有云："树之榛栗，椅桐梓漆，爰伐琴桑。"这里的桐应为泡桐，而非梧桐（青桐）。虽然梧桐也是古人制琴的材料之一，但远不如泡桐。

亦庄宏达北路

豆科 | 紫荆属

紫荆
Cercis chinensis

落叶灌木，我国分布广泛，北京常见。单叶互生，心形，全缘。花假蝶形，紫红色，2 ~ 10 朵簇生于老枝及主干上，或成总状花序，通常先叶开放，花期 4—5 月。荚果，绿色，扁狭长形，果期 8—10 月。

提到紫荆花，会让人联想到香港特别行政区区花，因为它也被称为“紫荆花”。但其实香港特区区花、区徽图案是“洋紫荆”，正式中文名为“红花羊蹄甲”，是豆科羊蹄甲属植物，花大如掌，略带芳香，红色或粉红色，亦十分美观。

在中国文化里，紫荆象征着家庭和美，兄弟亲情，杜甫《得舍弟消息》中有“风吹紫荆树，色于春庭幕”诗句。紫荆也是清华大学校花之一（另一校花为丁香）。

雄球花

银杏科 | 银杏属

银杏

Ginkgo biloba

落叶乔木，原产于我国，现世界各地广泛栽培。雌雄异株。雄树枝条一般斜上生长，雌树枝条则较为开展。叶扇形，先端有各种不同凹缺，叶脉为种子植物罕见的二叉分支，秋叶金黄。花小，黄绿色，花期 4—5 月。种子核果状；外种皮肉质，有臭味；中种皮骨质；种仁通称白果，可食用，果期 9—10 月。

国家二级保护植物

银杏树生长较慢，自然条件下从栽种到结果要20多年，40年后才能大量结果，因此又有人把它称作“公孙树”，有“公种而孙得食”的含义，即年少时种的银杏要到当爷爷时才能吃到白果。银杏寿命极长，可达千年以上，是树中的老寿星。

大觉寺千年银杏

国家一级保护植物

杉科 | 水杉属

水杉

Metasequoia glyptostroboides

落叶高大乔木，原产于我国中部，现世界各地广泛栽培。主干挺直。叶线形，柔软，对生，呈羽状排列。花雌雄同株，花期4月。球果下垂，果鳞交互对生，成熟前绿色，熟时深褐色，果期10月。

水杉是世界著名的古生树种，为我国珍贵孑遗树种之一，有“活化石”之称。天然分布于我国川东、鄂西南和湘西北海拔750 ~ 1500米山区，1948年被定名发表后，国内外广为引种栽培。

北京植物园樱桃沟

槭树科 | 槭属

元宝枫
Acer truncatum

又名元宝槭、平基槭。落叶乔木，分布于我国长江以北地区，著名红叶植物。单叶对生，掌状5裂，叶基通常截形，最下部两裂片有时向下开展，秋季变为橙黄色或红色。伞形花序顶生，花小，黄绿色，花期4—5月。双翅果扁平，形似元宝，熟时淡黄色，果期9—10月。

一般植物叶片除了含有叶绿素外还有其他色素，如表现为黄色的胡萝卜素、红色的花青素等。春夏季叶子因叶绿素含量较大而呈绿色。秋季气温下降，叶绿素渐渐分解，叶子中贮存的糖分转化为花青素或胡萝卜素，从而使得叶子变红或变黄。如果温差大，叶子就非常红；反之则变黄色。

豆科 | 紫藤属

紫藤

Wisteria sinensis

落叶攀缘缠绕性大藤本，我国广泛栽培，著名观赏植物。奇数羽状复叶互生，小叶7～13枚，卵状椭圆形，全缘。总状花序，下垂，花蝶形，花冠紫色或深紫色，芳香，花期4—5月。荚果，长条形，密被绒毛，果期8—9月。

紫藤树

【唐】李 白

紫藤挂云木，花蔓宜阳春。
密叶隐歌鸟，香风留美人。

紫藤为长寿树种，暮春时节，一串串硕大的花穗垂挂枝头，紫中带蓝，灿若云霞，灰褐色的枝蔓如龙蛇般蜿蜒，自古以来文人墨客皆爱以其为题材咏诗作画。

松科 | 松属

白皮松

Pinus bungeana

常绿乔木，原产于我国华北及西北。有时几个树干簇生而缺主干。成年白皮松树皮灰绿色，呈不规则片状脱落，露出淡黄绿色的新皮；老树树皮则白褐相间呈斑鳞状。针叶 3 针一束。雄球花卵圆形，多数聚生于新枝基部成穗状，花期 4—5 月。球果单生，卵圆形，次年 10—11 月成熟。

白皮松树姿优美，生长缓慢，为珍贵庭园观赏树种，寿命可达千年以上。北海团城上有一棵相传为金代所植的白皮松，至今已有 800 多年，清乾隆皇帝曾封此树为“白袍将军”。

北海团城“白袍将军”，一级古树

松科 | 松属

油松
Pinus tabuliformis

常绿乔木，我国长江以北广泛分布。大枝平展或向下斜展，老树平顶。树皮灰褐色，裂成不规则的厚鳞块。针叶 2 针一束，深绿色，粗硬。雄球花圆柱形，在新枝下部聚生成穗状，花期 4—5 月。球果圆卵形，成熟前绿色，成熟后为淡黄色或淡黄褐色，次年 10—11 月成熟。

油松树姿苍劲古雅，枝叶繁茂，寿命可达千年以上，经常与鹤（丹顶鹤）一同入画，组成“松鹤延年”“松鹤长青”等传统吉祥图案，寓意长寿。

油松是北京重要园林树种，也是北京山区重要绿化和水土保持树种。

无患子科 | 文冠果属

文冠果

Xanthoceras sorbifolium

落叶灌木或小乔木，我国长江以北广泛分布，重要木本油料植物。奇数羽状复叶互生，小叶 4 ~ 8 对，披针形或近卵形，边缘有锐锯齿，顶生小叶通常 3 深裂。顶生总状或圆锥花序，花瓣 5 枚，白色，内侧基部有黄变紫的晕斑，花期 4—5 月。蒴果椭球形，木质，3 瓣裂，果期 7—9 月。

文冠果得名有两种说法，一种说法是其“花初开白，次绿次绯次紫”，和宋朝文官官职由低到高的官服颜色一致，寓意官运亨通；另一种说法是其果实酷似古代文官的帽子。

北京市市树之一（另一种是槐）

柏科 | 侧柏属

侧柏

Platycladus orientalis

常绿乔木，原产于我国北部，现广泛栽培。小枝扁平，排成一平面。叶鳞片状，长 1~3 毫米，先端微钝，绿色。雌雄同株，雄球花黄色，卵圆形，长约 2 毫米；雌球花近球形，径约 2 毫米，蓝绿色，被白粉；花期 4—5 月。球果卵形，成熟前近肉质，蓝绿色，被白粉，成熟后木质，开裂，红褐色，果熟期 10 月。

太庙古柏，一级古树

柏科 | 圆柏属

圆柏

Sabina chinensis

又称桧柏。常绿乔木，原产于我国，现广泛栽培。叶通常有刺形（3叶轮生）和鳞形（对生）两种，幼树常为刺叶，成年树及老树以鳞叶为主。雌雄异株，雄球花黄色，椭圆形，花期4月。球果近圆球形，成熟前蓝绿色，被白粉，成熟后褐色，肉质，不开裂，次年4—9月成熟。

大觉寺古柏，一级古树

龙柏 | 柏科 圆柏属

Sabina chinensis ‘Kaizuca’

圆柏品种。侧枝环抱主干，常有扭转上升之势，如盘龙姿态。叶全为鳞叶，排列紧密。北京普遍栽作观赏树。

蔷薇科 | 蔷薇属

黄刺玫

Rosa xanthina

落叶灌木，原产于我国北部，北京栽培普遍。小枝有散生硬直皮刺。羽状复叶互生，小叶 7 ~ 13 枚，卵圆形或椭圆形，边缘有钝锯齿。花单生于叶腋，重瓣或半重瓣，黄色，花瓣先端微凹，花期 4—5 月。果近球形或倒卵形，红色或紫褐色，萼片宿存，果期 7—8 月。

蔷薇科 | 蔷薇属

单瓣黄刺玫

Rosa xanthina f. spontanea

花黄色，单瓣。

忍冬科 | 锦带花属

锦带花
Weigela florida

落叶灌木，分布于我国北方地区。小枝有 2 列短柔毛。单叶对生，椭圆形，边缘有锯齿。花通常 3 ~ 4 朵成聚伞花序生于侧枝叶腋或枝顶，花冠漏斗形，外面粉红色或玫瑰红色，里面浅红色；花萼 5 裂，下半部合生，花期 4—5 月。蒴果，柱状，果实表面长有柔毛，果期 6—7 月。

锦带花品种：红王子

锦带花和其同属的海仙花非常相似，人们常用“锦带带一半，海仙仙到底”这句俗语来区别它们，指锦带花萼片裂到一半，海仙花萼片裂到底部。但红王子锦带花则比较特殊：萼片裂到底。

锦带带一半

海仙仙到底

十字花科 | 诸葛菜属

二月兰

Orychophragmus violaceus

又名诸葛菜、二月蓝。一年或两年生草本，我国长江以北分布广泛。基生叶及下部茎生叶大头羽状全裂，上部叶长圆形或窄卵形。花蓝紫色或浅红色，后褪为白色，花期4—5月。果实呈线形，有四棱，果期5—6月。

此花农历二月前后开始开蓝紫色花，故称二月蓝。

平凡的二月兰和大名鼎鼎的诸葛亮也有渊源，传说诸葛亮率军出征时曾采其嫩梢为菜，故又名诸葛菜。

芸香科 | 花椒属

花椒

Zanthoxylum bungeanum

落叶小乔木，原产于我国，分布广泛。枝上有基部宽扁的粗大皮刺。奇数羽状复叶互生，小叶 5 ~ 13 枚，顶端小叶较大，卵状椭圆形，边缘有细裂齿。聚伞状圆锥花序顶生，花小，黄绿色，花期 4—5 月。蓇葖果红色或紫红色，表面分布有微凸起的油点，果期 8—10 月。

花椒果实辛香，是著名调味品，也可入药。西汉皇后所居宫殿以花椒和泥涂墙壁，使温暖、芳香，并象征多子，故名椒房殿，“椒房之宠”也由此而来。

木兰科 | 鹅掌楸属

杂交鹅掌楸

Liriodendron chinense × tulipifera

落叶乔木，全国广为栽培。单叶互生，鹅掌形（或马褂形），两侧各有 1 ~ 3 浅裂，先端近截形。花单生枝顶，橙黄色或橙红色，花色艳丽，整体呈杯状，形似郁金香，花期 4—5 月。聚合果，纺锤形，果期 10 月。

杂交鹅掌楸具有明显的杂交优势，树形优美，健壮，春天花大而美丽，秋季叶色金黄，似一个个黄马褂，是珍贵的行道树和庭园观赏树种。

鹅掌楸 | 木兰科　鹅掌楸属
Liriodendron chinense

落叶乔木，是我国特有的珍稀植物，主要生长在长江流域以南。

识别要点：

（1）花绿色，有黄色纵条纹。

（2）叶片马褂形，一般为3裂，基部1对侧裂片，前端1裂片。

杂交鹅掌楸 | 木兰科　鹅掌楸属
Liriodendron chinense × tulipifera

落叶乔木，是鹅掌楸和北美鹅掌楸的杂交种。

识别要点：

（1）花橙黄色或橙红色。

（2）叶片基本形为马褂形，3～5裂，介于两者之间，株内叶形变异较大。

北美鹅掌楸 | 木兰科　鹅掌楸属
Liriodendron tulipifera

落叶乔木，原产于美国。

识别要点：

（1）花颜色分层，上部绿色，中部橙色，下部黄色。

（2）叶片鹅掌形，一般为5裂，基部2对侧裂片，前端1裂片。

山茱萸科 | 梾木属

红瑞木
Cornus alba

落叶灌木，分布于我国北方。树皮紫红色。单叶对生，椭圆形，全缘，侧脉 4 ～ 6 对，两面均明显。伞房状聚伞花序顶生，花小，白色或淡黄白色，花瓣 4 枚，花期 4—5 月。核果，长圆形，成熟时乳白或蓝白色，有宿存花柱，果期 8—10 月。

红端木秋叶鲜红，落叶后枝干红艳如珊瑚，是少有的观茎植物，为北京的冬季增添了一抹亮丽色彩。

悬铃木科 | 悬铃木属

美桐

Platanus occidentalis

又名一球悬铃木、美国梧桐。落叶大乔木，原产北美洲，现广泛被引种，我国北部及中部地区均有种植。树皮常呈小块状开裂，不易剥落，灰褐色。叶大，3 ~ 5 掌状浅裂，边缘有不规则粗锯，中裂片宽度大于长度。圆球形头状花序，花期 5 月。果球常 1 个单生，果期 9—10 月。

在我国很多城市把悬铃木作为行道树，常见的有美国梧桐、英国梧桐（俗称为法国梧桐）。虽然他们名字中都有“梧桐”二字，但是和凤凰以及古诗词里秋雨愁思经常相联系的梧桐（见第220～221页“梧桐”）却是两种完全不同的植物。

美桐 | 悬铃木科　悬铃木属

Platanus occidentalis

又名一球悬铃木、美国梧桐，原产北美洲。

识别要点：

（1）果球通常 1 个单生。

（2）叶 3 ~ 5 掌状浅裂，边缘有不规则粗锯，中裂片宽大于长。

英桐 | 悬铃木科　悬铃木属

Platanus acerifolia

又名二球悬铃木、英国梧桐，是美桐和法桐的杂交种，17 世纪在英国最先大量栽种，故而得名。

识别要点：

（1）果球通常 2 个一串，偶有 1 个单生或 3 个一串。

（2）叶 3 ~ 5 掌状裂，边缘有不规则大尖齿，中裂片长度大于宽度。

我国上海、南京、西安、邯郸等城市，每到秋天，“法国梧桐”大道便格外美丽，但仔细观察，会发现它们既不是梧桐，也不是法国梧桐，而是英国梧桐。近代，法国人将英国梧桐引种到了法租界，人们因其叶子像梧桐，加之在法国大量种植，于是就称其为“法国梧桐”了。

法桐 | 悬铃木科　悬铃木属

Platanus orientalis

又名三球悬铃木、法国梧桐，原产欧洲东南部及亚洲西部。

识别要点：

（1）果球通常 3 个或更多个一串。

（2）叶 5 ~ 7 掌状深裂，中裂片深裂过半，两侧裂片稍短。

法国梧桐传入我国较早，在晋代已被引入，但长时间未能继续传播。目前在北京及国内真正的法国梧桐非常罕见。

桑科 | 桑属

桑
Morus alba

落叶乔木，原产我国中部和北部，现世界各地均有栽培。嫩枝和嫩叶含白色乳汁。单叶互生，卵形或广卵形，叶缘有粗钝锯齿或不规则深裂，表明光滑，有光泽，为家蚕饲料。花雌雄异株，柔荑花序，淡绿色，花期4—5月。聚花果，成熟时黑紫色，通称桑葚，可食用，果期6月。

桑　科　|　桑　属

龙桑

Morus alba 'Tortuosa'

桑的品种。枝条扭曲，状如游龙。

现在“桑梓”一词经常用来指代“故乡”，人们为什么会在众多的树种中选择桑梓两树来指代故乡呢？在古代桑树和梓树与人们的衣食住用有着十分密切的关系，所以古人常在住宅周围种桑栽梓，而且对父母所栽植的桑树和梓树往往心怀敬意，《诗经·小雅·小弁（pán）》有：“维桑与梓，必恭敬止”。久而久之，桑树和梓树就成了故乡的象征。

紫葳科 | 梓属

楸树

Catalpa bungei

落叶乔木，分布于我国长江流域。叶对生或轮生，卵状三角形，顶端长渐尖，有时基部有侧裂或尖齿。总状花序呈伞房状排列，顶生，花冠淡红色，二唇形，内有2黄色条纹及暗紫色斑点，花期4—5月。蒴果细长，下垂，果期6—10月。

楸树树姿高大挺拔，枝繁叶茂，楸花淡红素雅。每至花期，花多盖冠，随风摇曳，令人赏心悦目，自古以来楸树就广泛栽植于皇宫庭院、胜景名园中。故宫、北海、颐和园、大觉寺等处均可见百年以上的古楸树。

故宫古华轩楸树，一级古树

桑 科 | 构 属

构树

Broussonetia papyrifera

又名楮树。落叶乔木，我国南北各省均匀分布。小枝密生柔毛。单叶互生，螺旋状排列，卵形，不裂或不规则深裂，边缘有粗锯齿。花雌雄异株，雄花序为柔荑花序，雌花序球形头状，花期 4—5 月。聚花果球形，成熟时为橙红色，肉质，可食用，果期 8—10 月。

构树古名“楮”（chǔ）、“榖”（gǔ），《诗经·小雅·鹤鸣》有“乐彼之园，爰有树檀，其下维榖。它山之石，可以攻玉”，意思是无论是高大的青檀还是低矮的构树，都是有用的树木。构树生长速度快，树皮是高级造纸原料，木材可作薪柴，世界上最早的货币“交子”就是用楮纸印制的，楮纸也适用于高级书画。

蔷薇科 | 山楂属

山楂

Crataegus pinnatifida

落叶小乔木，分布于我国长江以北地区。常有枝刺。单叶互生，卵形，通常两侧各有 3 ~ 5 枚羽状深裂片，边缘有不规则锐锯齿，秋季叶变红。伞房花序顶生，花白色，花瓣 5 枚，花期 4—5 月。梨果近球形，红色，可食用，果期 9—10 月。

蔷薇科 | 山楂属

山里红

Crataegus pinnatifida var. major

山楂的变种。果形较大，直径可达2.5厘米，山楂一般不超过1.5厘米；叶也较大，羽状浅裂。

北京的冰糖葫芦和炒红果酸甜可口，深受大家喜爱，其主要原料就是山里红。山里红果大肉厚核小，山楂则果小肉薄核大，主要用来入药。

忍冬科 | 忍冬属

金银木

Lonicera maackii

又名金银忍冬。落叶灌木，我国分布广泛。小枝中空。单叶对生，卵状椭圆形，全缘，两面疏生柔毛。花成对腋生，花冠二唇形，初开时白色，后变黄色，有香味，花期4—5月。浆果球形，亮红色，果期8—10月。

金银木花果并美，春末夏初层层开花，花分黄白两色，金银相映，加之是灌木，故名“金银木”。秋季对对红果挂满枝条，鲜艳夺目，经冬不落；它们为过冬的鸟儿提供了美味的食物，但人不能食用，人吃下去有可能产生头晕、恶心、腹泻等不良反应。

木樨科 | 流苏树属

流苏树

Chionanthus retusus

落叶灌木或乔木，分布于我国南北各省。单叶对生，椭圆形，全缘或偶有小锯齿，叶缘稍反卷。花单性，雌雄异株，或为两性花，与叶同放，聚伞状圆锥花序，花冠白色，4深裂，裂片狭长，花期4—5月。核果椭球形，蓝黑色，被白粉，果期9—10月。

国家二级保护植物

流苏树树姿优美，初夏满树白花，近看清丽可爱，远观蔚然如雪，因此又名“四月雪”。

流苏树的小花含苞待放时，其外形、大小、颜色均与糯米相似，花和嫩叶又能泡茶，故又称作“糯米花”和“糯米茶”。

七叶树科 | 七叶树属

七叶树

Aesculus chinensis

落叶乔木，原产于我国。掌状复叶对生，有长柄，小叶通常 7 枚，卵状长椭圆形至倒卵状长椭圆形，边缘有细齿。圆锥花序顶生，花杂性，花瓣 4 枚，白色，花期 4—5 月。蒴果球形或倒卵球形，无刺，栗褐色，果期 10 月。

在我国北方七叶树和佛教颇有渊源，它花如烛台，又似宝塔，每到花开之时，如手掌般的叶子托起宝塔，又像供奉着的烛台。北京的寺庙多栽种七叶树用以替代娑罗双树（婆罗双树），潭柘寺、卧佛寺、大觉寺、香界寺和灵光寺等寺庙都有高龄七叶树。

忍冬科 | 猬实属

猬实

Kolkwitzia amabilis

又名“蝟实”。落叶灌木，我国特有植物，现世界各地均有栽培。单叶对生，椭圆形至卵状椭圆形，全缘或少有浅齿状，两面有毛。伞房状聚伞花序顶生，花成对，花冠钟状，淡红色，里面有黄色色斑纹，花期4—5月。核果瘦果状，2个合生（有时1个不发育），密生刺针，果期7—9月。

国家三级保护植物

猬实因果实长满刺刚毛，形似刺猬而得名，刺猬古称“蝟”，因此又名“蝟实”。

猬实花密色艳，花期正值春末夏初百花凋谢之时，故更感可贵，因此又别名“美人木”。20世纪初引入欧美各国，被称为“Beauty Bush”（美丽的灌木）。

蔷薇科 | 蔷薇属

现代月季

Rosa hybrida

落叶灌木，现世界各地广泛栽培，品种繁多。小枝有粗刺。奇数羽状复叶，小叶 3 ~ 5 枚，两面无毛，边缘有尖齿。花单生或数朵聚生成伞房状，重瓣或单瓣，花型花色丰富，有紫、红、粉红、黄、白等色，花期 5—10 月。蔷薇果，卵球形或梨形，红色，果期 6—11 月。

北京市市花，现代月季品种（从左至右）：光谱、红从容、多特蒙德

现代月季是我国的香水月季、月季花和七姊妹等输入欧洲后，在19世纪上半叶与当地及西亚的多种蔷薇属植物杂交，并经过多次改良而成的一大类群优秀月季，现在品种多达2万个以上。

北京每年从5月开始，道路绿化带里便开满了各色月季，形成绵延数十千米的花带，主要品种有光谱、红从容、橘红火焰、大游行等。

蔷薇科 | 蔷薇属

玫瑰

Rosa rugosa

落叶灌木。原产于我国，现世界各地广泛栽培。茎密生细刺、刚毛和绒毛。奇数羽状复叶互生，小叶 5 ~ 9 枚，椭圆形，有褶皱，背面密被绒毛，边缘有锯齿。花单生或数朵聚生，重瓣至半重瓣，紫红色，芳香，花期 5—6 月。蔷薇果扁球形，砖红色，光滑，萼片宿存，果期 8—9 月。

看到玫瑰的图片，大家是不是感觉和平常用来表达爱情的“玫瑰”很不一样，其实那些“玫瑰”都是月季花。在国外，玫瑰、月季通称为“rose”，而我国其实从几千年前就可以很好地区分二者了：可食用的叫玫瑰，鲜花多用来制作玫瑰酱、鲜花饼、提取精油等；月季则多用来观赏。

现代月季 | 蔷薇科 蔷薇属

Rosa hybrida

识别要点：

（1）花色丰富，有白、黄、粉、红、紫等色；花期长，在北京可开三季。

（2）小叶多为 3 ~ 5 枚，较平整，有光泽。

（3）刺大而疏。

玫瑰 | 蔷薇科　蔷薇属

Rosa rugosa

识别要点：

（1）花色通常为紫红色，亦有白色品种；花期短，只开一季。

（2）小叶 5 ~ 9 枚，多褶皱，无光泽。

（3）刺小而密。

槭树科 | 槭属

鸡爪槭

Acer palmatum

又名鸡爪枫。落叶小乔木，原产我国及日本，现各地均有栽培。叶5～9掌状深裂，边缘有重锯齿，秋季变红色或古铜色。伞房花序顶生，花紫色，杂性，雄花与两性花同株，后叶开花，花期5月。翅果嫩时紫红色，成熟时淡棕黄色，两翅成钝角，果期9—10月。

鸡爪槭最引人注目的观赏特性是叶色随季节而变化丰富，春季鸡爪槭叶色黄中带绿，生机勃勃；夏季鸡爪槭叶色转为深绿；秋季是鸡爪槭观赏性最佳季，是著名的红叶植物。

蔷薇科 | 稠李属

稠李

Padus racemosa

落叶乔木，分布于我国北方，是一种耐寒性较强的园林观赏树种。叶卵状长椭圆形至倒卵形，先端尾尖，基部圆形或近心形，边缘有细尖锯齿，秋叶黄红色。总状花序直立或下垂，花序长而美丽，花瓣5枚，白色，有清香，花期5月。核果，呈卵球形，果亮红色或黑色，光滑，果期5—10月。

毛茛科 | 芍药属

牡丹

Paeonia suffruticosa

又名木芍药。落叶灌木，全国广泛栽培，是我国特有木本名贵花卉。二回三出复叶互生，顶生小叶 3 ~ 5 裂，背面常有白粉。花单生于枝顶，大而美丽，花瓣 5 枚或重瓣，有白、黄、粉、红、紫、复色等颜色，花期 4—5 月。聚合蓇葖果，长圆形，密生黄褐色硬毛，果期 7—9 月。

牡丹花大而香，色泽艳丽，素有“花王”和“国色天香”的美誉，刘禹锡的《赏牡丹》和李白为杨贵妃所作的《清平调三首》均为吟咏牡丹的经典诗作。

赏牡丹

【唐】刘禹锡

庭前芍药妖无格，池上芙蕖净少情。
唯有牡丹真国色，花开时节动京城。

清平调三首

【唐】李白

云想衣裳花想容，春风拂槛露华浓。
若非群玉山头见，会向瑶台月下逢。

一枝红艳露凝香，云雨巫山枉断肠。
借问汉宫谁得似，可怜飞燕倚新妆。

名花倾国两相欢，长得君王带笑看。
解释春风无限恨，沉香亭北倚阑干。

毛茛科 | 芍药属

芍药
Paeonia lactiflora

又名将离草。多年生草本植物，原产于我国北方，北京多有栽培。茎下部叶为二回三出复叶，上部叶为三出复叶，小叶狭卵形、椭圆形或披针形，两面均无毛。花单生或数朵生于枝顶或叶腋，有白、黄、粉、红、紫等颜色，花期5—6月。蓇葖果，顶端有喙，果期8—9月。

芍药自古就是我国的爱情之花，现在也被誉为七夕节的代表花卉。古代男女交往，以芍药相赠，表达结情之约和惜别之情，故又称“将离草”，《诗经·郑风·溱洧（zhēn wěi）》有记载“维士与女，伊其相谑，赠之以勺药。”

扬州慢

【宋】姜夔

淮左名都，竹西佳处，解鞍少驻初程。
过春风十里，尽荠麦青青。
自胡马窥江去后，废池乔木，犹厌言兵。
渐黄昏，清角吹寒，都在空城。

杜郎俊赏，算而今、重到须惊。
纵豆蔻词工，青楼梦好，难赋深情。
二十四桥仍在，波心荡，冷月无声。
念桥边红药，年年知为谁生。

牡丹 | 毛茛科　芍药属

Paeonia suffruticosa

识别要点：

（1）顶端小叶 3 ～ 5 裂，背面常有白粉。

（2）茎为木质，落叶后地上部分不枯萎，因此牡丹又名“木芍药”。

（3）花单生于枝顶。

（4）一般在 4 月中下旬（暮春三月）开花。

芍药 | 毛茛科　芍药属

Paeonia lactiflora

识别要点：

（1）顶端小叶不裂，两面无毛。

（2）茎为草质，落叶后地面部分枯萎，因此芍药又叫“没骨花”。

（3）花单生或数朵生于枝顶或叶腋。

（4）5月上中旬（春末夏初）开花，故有“谷雨三朝看牡丹，立夏三朝看芍药”的说法。二者花期相差大约 15 天左右，次第开放，因此人们常常把牡丹芍药种植在一起，以延长观赏期。

豆科 | 刺槐属

刺槐

Robinia pseudoacacia

又名“洋槐”。落叶乔木，原产于美国中部和东部，现我国各地栽培普遍。小枝具有托叶刺。奇数羽状复叶，小叶 7 ~ 25 枚，椭圆形，先端圆，微凹，并有小尖刺，全缘。总状花序腋生，下垂，花蝶形，白色，芳香，花期 5—6 月。荚果扁平，条状，褐色，果期 8—9 月。

刺槐 17 世纪由美国传入欧洲，20 世纪初从欧洲引入我国青岛栽培，为和土生土长的“国槐”（见第 228 ~ 229 页“槐”）相区别，又被称为“洋槐”。

豆 科 | 刺 槐 属

红花刺槐

Robinia pseudoacacia 'Decaisneana'

刺槐品种。花为亮玫瑰红色。

漆树科 | 黄栌属

黄栌

Cotinus coggygria

又名红叶。落叶灌木或乔木，分布于我国北方。单叶互生，倒卵形或卵圆形，叶全缘，秋季变红色。大型圆锥花序顶生，有柔毛，花杂性，小而黄色，仅少数发育，花期5—6月。核果肾形，扁平，果期7—8月。

黄栌为著名的红叶植物，是“香山红叶”的主要树种。

黄栌开花时和开花后的粉红色羽毛状不孕性花梗也非常漂亮，宛如团团红色烟雾，并能久留不落，故有“烟树”的美誉。

八达岭国家森林公园红叶谷

柿 科 | 柿 属

柿
Diospyros kaki

落叶乔木，全国均有分布。树皮方块状开裂。单叶互生，卵状椭圆形至倒卵形，全缘，背面及叶柄均有柔毛。花雌雄异株或杂性同株，雄花呈聚伞花序，雌花单生，花萼绿色，花冠黄白色，4 裂，花期 5—6 月。浆果球形或扁球形，熟时橙黄色或橘红色，有宿存花萼，果期 10—11 月。

柿树叶大荫浓，秋末冬初，部分叶子变成红色，鲜艳夺目；落叶后，柿树上红果累累，是北京山区深秋季节的一道美丽风景。

柿树是我国栽培悠久的果树，果实常经脱涩后食用，也可鲜食或加工成柿饼。

柿　科　|　柿　属

君迁子

Diospyros lotus

又名黑枣。落叶乔木，我国分布广泛。树皮方块状开裂。单叶互生，椭圆形，全缘。花单生，淡黄色至淡红色，花萼和花冠裂片均为 4，花期 5—6 月。浆果近球形，直径 1 ~ 2 厘米，初熟时淡黄色，后变为蓝黑色，常被有白色蜡层，有宿存花萼，果期 10—11 月。

黑枣从名称上看似乎应当是“黑色的枣”，但其实黑枣和大枣、红枣、乌枣等都不是一类植物，甚至没有亲缘关系。我们日常吃的枣是鼠李科枣属植物，而黑枣是柿科柿属植物——它是一种地地道道的“微型柿子”，吃起来也很有柿饼的味道。实际上，它也常常作为嫁接柿树的砧木。

忍冬科 | 忍冬属

金银花

Lonicera japonica

又名忍冬。落叶藤本植物，我国各地均有分布。叶卵形或椭圆形，全缘，两面有柔毛，在北京可保持常绿。花成对生于叶腋，花冠二唇形，上唇 4 裂片，下唇狭长而反卷，初开始白色，后变黄色，芳香，花期 5—7 月。浆果球形，果实呈圆形，熟时蓝黑色，果期 8—10 月。

金银花和金银木不仅名称相像，而且花也很像，所以很多人经常把它们搞混，以为金银木的花就是金银花，其实不然。金银花和金银木是两种不同的植物，区别非常明显，金银花是一种藤本植物，其果实成熟时呈蓝黑色；金银木则是一种灌木，果实鲜红色。

虎耳草科 | 山梅花属

太平花
Philadelphus pekinensis

又名京山梅花、太平瑞圣花。落叶灌木，我国分布广泛。单叶对生，卵形，边缘有疏生锯齿。总状花序，有花 5 ~ 9 朵，花瓣 4 枚，白色，有清香，花期 5—6 月。蒴果，近球形或倒圆锥形，宿存萼片近顶生，果期 8—10 月。

太平花

【宋】陆游

扶床踉蹡出京华，头白车书未一家。
宵旰至今劳圣主，泪痕空对太平花。

太平花本是野生花卉，在宋仁宗时期开始植于庭院之中，据传被宋仁宗赐名“太平瑞圣花”。清嘉庆皇帝薨后庙谥为“仁宗睿皇帝”，其中睿与瑞字同音，因此道光皇帝下令将“太平瑞圣花”改称“太平花”。故宫、颐和园、大觉寺、戒台寺等地均有上百年的太平花。

萱草属品种：金娃娃

百合科 | 萱草属

萱草

Hemerocallis fulva

多年生宿根草本，原产于我国南部。单叶，基生，条状披针形，背面有龙骨突起。聚伞花序顶生，花大，漏斗形，花被下部合成花被筒，上部6裂，开展而反卷，橘黄色至橘红色，花期5—7月。果子有翅，果期为7—8月。

游子诗

【唐】孟郊

萱草生堂阶，游子行天涯。
慈母倚堂门，不见萱草花。

萱草又称忘忧草、宜男草，是我国传统的母亲花。古时候，游子若远行，一定要先在母亲居住的“北堂”前种植萱草，希望母亲有萱草为伴，可忘却烦忧，减少思念。“北堂种萱”这一传统早在《诗经·卫风·伯兮》中就有记载。

漆树科 | 盐肤木属

火炬树
Rhus typhina

落叶灌小乔木，原产于北美。奇数羽状复叶互生，小叶 11 ~ 31 枚，长椭圆状披针形，边缘有锯齿，秋季变红色。圆锥花序顶生，雌雄异株，花淡绿色，密生茸毛，花期 6—7 月。核果红色，有毛，密集成圆锥状火炬形，果期 8—10 月。

火炬树作为入侵树种不仅生长快，萌蘖（niè）性强，而且常成片分布，使其他物种受到排挤，建议在小面积范围内控制栽植。
火炬树秋叶红艳，比黄栌更易于变红，是秋季北京道路两侧最常见的红叶植物，非常壮观。

紫葳科 | 梓属

黄金树

Catalpa speciosa

又名白花梓树。落叶乔木，原产于美国。单叶对生，宽卵形，基部心形至截形，全缘，背面密被柔毛。圆锥花序顶生，花冠白色，二唇形，里面有2黄色条纹和紫色细斑点，花期5—6月。蒴果圆柱形，下垂，形如豆角，果期8—9月。

黄金树、楸树、梓树均为紫葳科梓属植物，它们不仅叶花很相似，而且都有长如豇豆的果实。我们可以这样来区分它们：黄金树花为白色，楸树花为粉红色，梓树花为黄白色；梓树叶子通常有3～5浅裂，黄金树和楸树均为全缘叶，但楸树叶两面无毛，而黄金树叶背面密被柔毛。

葡萄科 | 地锦属

五叶地锦

Parthenocissus quinquefolia

又名美国地锦，俗称爬山虎。落叶木质藤本，原产北美，北京多栽培。小枝圆柱形，卷须有 5 ~ 12 分枝，顶端嫩时尖细卷曲，遇附着物扩大后成吸盘，植株即借此攀爬。掌状复叶，小叶 5 枚，边缘有粗锯齿，秋季变为红色。聚伞花序，花小，花期 5—6 月。浆果球形，蓝黑色，被白粉，果期 9—10 月。

忍冬科 | 荚蒾属

欧洲荚蒾

Viburnum opulus

落叶灌木，原分布于欧洲及我国新疆。单叶对生，圆卵形至广卵形，通常3浅裂，边缘有锯齿。伞形聚伞花序顶生，花有二形，周围一圈大型不孕花，花冠5深裂，白色；中间为小型可孕花，花蕾绿白色，花期5—6月。核果球形，鲜红色，果期9—10月。

塞舌尔国花

百合科 | 丝兰属

风尾兰

Yucca gloriosa

又名凤尾丝兰。常绿木本，原产于北美，我国广泛栽培。叶剑形，坚硬，顶端硬尖，边缘光滑，老叶边缘有时具疏丝。圆锥花序，可高 1 米多，花从下至上逐渐开放，杯状，下垂，花被片 6，乳白色，端部常带紫晕，花期 6—10 月。蒴果，下垂，不开裂，果期 8—10 月。

雄花序

胡桃科 | 胡桃属

胡桃

Juglans regia

又名核桃。落叶乔木，原产波斯（今伊朗）一带，我国广为栽培。奇数羽状复叶互生，小叶5～9枚，顶端小叶最大，下端小叶较小，全缘。花雌雄同株，雄性柔荑花序下垂，雌花通常1～3朵花，组成穗状花序，花期5月；核果近球形，绿色，无毛，果核有2条纵棱，果期10月。

豆科 | 皂荚属

皂荚

Gleditsia sinensis

又名皂角。落叶乔木，原产于中国，分布广泛。树干或大枝上有分枝圆刺，多而密集。偶数羽状复叶，小叶 3 ~ 9 对，下端小叶较小，卵状椭圆形，边缘具细锯齿。总状花序，顶生或腋生，花瓣 4 枚，黄白色，花期 5 月。荚果带状，直或扭曲，肥厚，成熟后褐棕色或红褐色，果期 10 月。

皂荚的分枝圆刺

皂荚有多种，去垢能力不同。唐初《新修本草》记载："猪牙皂荚最下，其形曲戾薄恶，全无滋润，洗垢不去"，应选"皮薄多肉……味大浓"者，故而后世有"肥皂"一词以称呼质优肉厚的皂荚，意为"肉多肥厚的皂荚"。

蔷薇科 | 栒子属

平枝栒子
Cotoneaster horizontalis

落叶匍匐灌木，我国各地广泛分布。枝近水平开展，小枝在大枝上成二列状。叶近圆形或宽椭圆形，少数倒卵形，全缘，上面无毛，下面有柔毛。花小，近无梗，花瓣直立，粉红色，花期5—6月。果近球形，鲜红色，常有3核，果期9—10月。

平枝栒子结实繁多，入秋后红果累累，经冬不落，极为美观。

平枝栒子的叶子入秋后也会变红，因平枝栒子比较低矮，远远看去，好似一团火球，非常鲜艳。

茄科 | 枸杞属

枸杞

Lycium chinense

落叶灌木，我国南北各省均有分布。分枝多，枝条细弱，拱形，常有刺。单叶互生或2～4枚簇生，卵状椭圆形或卵状披针形，全缘。花单生或簇生于叶腋，花冠漏斗状，紫色，5深裂，花期5—9月。浆果，红色，卵状，可食用，果期6—10月。

我国宁夏回族自治区中宁县是世界枸杞的正宗原产地，也是我国枸杞主产区，有600余年的枸杞栽种历史，是国务院命名的“中国枸杞之乡”。当地独特的地理环境和气候为枸杞生长提供了全国最优越的自然环境，素有“天下黄河富宁夏，中宁枸杞甲天下”的美誉。

红豆杉科 | 红豆杉属

矮紫杉

Taxus cuspidata var. nana

常绿灌木，原产于日本，我国北方地区有栽培。多分枝而向上。叶螺旋状着生，呈不规则两列，与小枝约成45° 角斜展，条形。球花单性，雌雄异株，单生于叶腋，花期5—6月。坚果，外包假种皮红色，杯状，果期9—10月。

矮紫杉是东北红豆杉（紫杉）的变种，树形矮小，姿态秀美，终年常绿，假种皮鲜红色，非常亮丽，具有很高的观赏价值。适合整剪为各种雕塑物式样，由于其生长缓慢，枝叶繁多而不易枯疏，故剪后可较长期保持一定形状，在园林上广为应用。

木樨科 | 丁香属

暴马丁香

Syringa reticulata var. amurensis

落叶小乔木，原产于我国东北，分布于我国北方地区。单叶对生，卵形，基部近圆形或亚心形，全缘。圆锥花序大而疏散，常侧生；花较小，密集，花冠白色或黄白色，4裂，有浓郁香气，花期5—6月。蒴果，先端常钝，果期8—9月。

暴马丁香在我国西部青海为佛教圣树，被称为“西海菩提”。人们都知道菩提树是佛教圣树，怎么又变成了暴马丁香了？真正的菩提树只适种于热带、亚热带，我国西北高寒地区的佛寺便选用暴马丁香来代替菩提树（叶子有些相像），相传青海塔尔寺的修建最早起因于一棵暴马丁香树。

苦木科 | 臭椿属

臭椿

Ailanthus altissima

落叶乔木，分布于我国北方地区。奇数羽状复叶互生，小叶 13 ~ 27 枚，对生或近对生，卵状披针形，全缘，仅在近基部两侧各有 1 ~ 2 个粗锯齿，齿顶有腺点，叶片揉碎后有臭味。圆锥花序顶生，花小，密集，淡绿色，花瓣 5 枚，味道浓郁，花期 5—6 月。翅果，长椭圆形，翅扁平膜质，果期 8—10 月。

臭椿古名“樗”（chū），《庄子·逍遥游》“吾有大树，人谓之樗。其大本臃肿而不中绳墨，其小枝卷曲而不中规矩。立之涂，匠者不顾。”古人认为臭椿材质疏散，只能作为木砖或薪柴，不堪使用。但也正因如此，当其他树木成材被砍伐之后，臭椿却可以悠然自在。

其实臭椿生长快，病虫害少，树姿雄伟，是优良的庭荫树和行道树，也是重要的速生用材树种，并非古人说的一无是处。

楝科 | 香椿属

香椿

Toona sinensis

落叶乔木，原产于我国，分布于我国大部分地区。偶数羽状复叶互生，小叶 5 ~ 11 对，对生或互生，基部不对称，全缘或有疏离的钝齿，幼叶紫红色，有特殊香气，可食用，成年叶绿色。圆锥花序顶生，下垂，花小，白色，有香气，花期 5—6 月。蒴果，深褐色，5 瓣裂，果期 10—11 月。

送徐浩

【唐】牟融

渡口潮平促去舟，莫辞尊酒暂相留。
弟兄聚散云边雁，踪迹浮沉水上鸥。
千里好山青入楚，几家深树碧藏楼。
知君此去情偏切，堂上椿萱雪满头。

香椿是长寿树种，《庄子·逍遥游》“上古有大椿者，以八千岁为春，八千岁为秋”。因此以“椿庭”代称父亲，“椿萱”代指父母，清代程允升在《幼学琼林》中提到“父母俱在，谓之椿萱并茂”。

臭椿 | 苦木科　臭椿属

Ailanthus altissima

识别要点：

（1）翅果。

（2）奇数羽状复叶，偶尔也会出现偶数羽状复叶；小叶中上部全缘，近基部两侧各有1～2个粗锯齿，锯齿背部有腺点。

（3）树皮不裂，较平滑。

香椿 | 楝科　香椿属

Toona sinensis

识别要点：

（1）蒴果，成熟时果瓣开裂。

（2）偶数羽状复叶，偶尔也会出现奇数羽状复叶；小叶基部不对称，全缘或有疏离的锯齿，幼树小叶边缘有锯齿。

（3）树皮粗糙，有条裂，片状脱落。

千屈菜科 | 石榴属

石榴

Punica granatum

落叶小乔木或灌木，原产伊朗和阿富汗等地。小枝平滑，一般有刺。单叶对生或簇生，长圆状披针形，全缘，无毛。花红色（栽培品种可为白色或黄色），花瓣倒卵形，单瓣或重瓣，花期5—6月。浆果球形，种子多数，具有肉质多汁的外种皮（食用部分）和坚硬内种皮，果期9—10月。

我国栽培石榴的历史可上溯至汉代，公元前二世纪由张骞经丝绸之路引入，晋代张华的《博物志》记载“汉张骞出使西域，得涂林安石国榴种以归，名为安石榴”，后简称石榴。传统文化中视其为吉祥物，常被用作喜庆水果，象征多子多福、子孙满堂。

紫葳科 | 梓属

梓
Catalpa ovata

落叶乔木，分布于我国长江以北地区。单叶对生，有时3叶轮生，阔卵形，长宽近相等，基部心形，全缘或3～5浅裂，圆锥花序顶生，花冠钟状，淡黄色，内面有2条黄色条纹和紫色斑点，花期5—6月。蒴果线形，下垂，形如豇豆，果期6—10月。

梓木材质优良，在古代用途十分广泛，可制造琴瑟等乐器、家具器物和供建筑用，有“木王”之誉。古代雕版印刷刻板常用梓木，因此把书籍出版叫“付梓”；梓木质坚而耐腐，有千年不朽之称，是一种优质棺材，皇帝皇后的棺材称为“梓宫”；“梓童”用于皇帝对皇后的称呼。

鼠李科 | 枣属

枣

Ziziphus jujube

落叶乔木或小乔木，原产于我国，全国各地均有栽培。小枝呈之字形弯曲，常有托叶刺。单叶互生，卵形至卵状椭圆形，有3条主脉，边缘有锯齿。聚伞花序腋生，花小，两性，黄绿色，花期5—6月。核果椭球形，熟时暗红色，味甜，核两端尖，果期8—9月。

枣起源于我国，有文字记载的历史已有三千多年，《诗经·豳风·七月》有云“八月剥枣，十月获稻”。
枣果含有丰富的维生素，营养丰富，可鲜食也可制成干果或蜜饯果脯等。
枣花虽小，但花期较长，花量大而且多蜜，是优良的蜜源植物。

无患子科 | 栾树属

栾树

Koelreuteria paniculata

落叶乔木，主要分布于我国北方地区。一至二回羽状复叶互生，小叶 11 ~ 18 枚，卵形至卵状椭圆形，有不规则粗齿或羽状深裂。大型圆锥花序顶生，花小，密集，黄色，花瓣 4 枚，不整齐，花期 6—7 月。蒴果圆锥形，果皮膜质膨大，有 3 个棱，形似灯笼，幼时绿色，成熟时褐色，果期 9—10 月。

人们常说栾树“一年能占十月春”：春季时红色的嫩叶甚是可爱；夏季又开得满树黄花，花谢时整个花冠一起脱落，加上花量巨大，场面颇为壮观，十分切合它的英文名字“Golden Rain Tree”（金雨树）；秋季果实挂满枝头，有如盏盏灯笼；是优良的观赏庭荫树及行道树种。

栾树 | 无患子科　栾树属

Paeonia suffruticosa

落叶乔木，主要分布于我国北方地区，北京广泛栽培。

识别要点：

（1）一回、不完全二回或偶尔为二回羽状复叶，小叶 11 ~ 18 枚，对生或互生。

（2）花期 6—7 月。

（3）蒴果幼时绿色，果期 9—10 月。

复羽叶栾树 | 无患子科　栾树属

Koelreuteria bipinnata

落叶乔木，主要分布于我国中部和南部地区，北京有栽培。

识别要点：

（1）二回羽状复叶，小叶 9 ~ 17 枚，互生，斜卵形边缘有锯齿。

（2）花期 9—10 月。

（3）蒴果幼时淡紫红色，果期 10—12 月。

锦葵科 | 蜀葵属

蜀葵

Alcea rosea

一二年生草本，原产于我国，现世界各地广为栽培。茎直立挺拔，不分枝，密被刺毛。单叶互生，大型，掌状 5 ~ 7 浅裂或波状棱角，粗糙，两面均有星状毛。花大，单生或近簇生，排列成总状花序式，有红、粉红、白、黄和黑紫等色，花瓣 5 枚或重瓣，花期 6—8 月。蒴果扁球形，果期 8—9 月。

蜀葵因原产于我国四川而得名；可高达一丈左右（约3.3米），花多为红色，故又名“一丈红”。明成化十年（公元1474年），日本使者来到中国，见蜀葵不识，问之才明白，遂题诗一首，对蜀葵的形态特征作了形象比喻：“花如木槿花相似，叶比芙蓉叶一般。五尺栏杆遮不住，尚留一半与人看。”

莲科 | 莲属

莲

Nelumbo nucifera

又名荷花。多年生水生草本，原产于我国和印度等地，现世界各地广为栽培。根茎通称藕，肥厚，横生，可食用。叶圆形，盾状着生，全缘稍呈波状，初生叶浮于水面，后挺出水面。花大，有香气，单生于花梗顶端，高托水面之上，通常为粉红或白色，花期6—9月。坚果通称莲子，可食用，嵌于花托（莲蓬）之中，果期8—10月。

莲出淤泥而不染的品格深受人们喜爱，历来为文人墨客吟咏绘画的主要题材之一。

爱莲说

【宋】周敦颐

水陆草木之花，可爱者甚蕃。
晋陶渊明独爱菊。自李唐来，世人甚爱牡丹。
予独爱莲之出淤泥而不染，濯清涟而不妖，中通外直，不蔓不枝，
香远益清，亭亭净植，可远观而不可亵玩焉。

予谓菊，花之隐逸者也；牡丹，花之富贵者也；莲，花之君子者也。
噫！菊之爱，陶后鲜有闻。莲之爱，同予者何人？牡丹之爱，宜乎众矣！

蔷薇科 | 珍珠梅属

华北珍珠梅
Sorbaria kirilowii

落叶灌木，原产我国，华北地区栽培广泛。枝条开展。羽状复叶互生，小叶 11 ~ 17 枚，对生，无柄或近无柄，披针形至卵状披针形，边缘有尖锐重锯齿。大型密集圆锥花序顶生；花小，花瓣 5 枚，白色；雄蕊 20 根，与花瓣等长，花期 6—8 月。蓇葖果长圆柱形，果梗直立，果期 9—10 月。

珍珠梅因其花蕾洁白圆润如珍珠，花开似梅花而得名。

华北珍珠梅萌蘖性强，能够从根部长出很多小植株，这也是我们为什么总是看到它们丛生在一起并且越来越壮大的原因所在了。

马鞭草科 | 牡荆属

荆条
Vitex negundo var. heterophylla

落叶灌木，我国北方地区广为分布，是良好的蜜源植物。小枝四棱。掌状复叶对生，小叶通常 5 枚，边缘有缺刻状锯齿或为羽状深裂。圆锥花序顶生；花冠淡紫色，偶为白色，二唇形，花期 6—8 月。果实近球形，黑褐色，果期 7—10 月。

荆条柔韧性很高，可以用来编织背篓、筐、篮子等器物，古代用作鞭笞的刑具，所以廉颇在请罪才会“负荆”，以表诚心认错。

古代家贫妇女常用荆条作发钗，后遂以“拙荆”“荆室”来谦称自己的妻子。

豆科 | 合欢属

合欢

Albizia julibrissin

又名夜合欢、绒花树、马缨花。落叶乔木，我国分布广泛。树冠开展，树形优美。二回羽状复叶，羽片 4 ~ 12 对，栽培的有时达 20 对；小叶 10 ~ 30 对，镰刀形，夜合昼展。头状花序于枝顶排成圆锥花序，花开如绒球，粉红色，花期 6—7 月。荚果，带状，果期 8—10 月。

合欢因对称的小叶一到夜晚就两两相合而得名，在我国是吉祥之花，寓意夫妻恩爱、家庭和睦。

生查子

【清】纳兰性德

惆怅彩云飞，碧落知何许。不见合欢花，空倚相思树。
总是别时情，那待分明语。判得最长宵，数尽厌厌雨。

合欢花

【清】纳兰性德

阶前双夜合，枝叶敷花荣。疏密共晴雨，卷舒因晦明。
影随筠箔乱，香杂水沉生。对此能销忿，旋移迎小楹。

马鞭草科 | 大青属

海州常山

Clerodendrum trichotomum

落叶灌木或小乔木，原产于我国。单叶对生，卵形，全缘或有时边缘有波状齿。伞房状聚伞花序顶生或腋生，有香气，花冠白色或带粉红色；雄蕊长，与花柱同伸出花冠之外；花萼蕾时绿白色，后变成紫红色，5深裂，宿存；花期6—10月。核果近球形，成熟时蓝紫色，果期9—11月。

海州常山初听完全不像一株植物，因产于海州（今江苏连云港）、曾作常山（虎耳草科植物）入药而得名。花开时味道浓郁，叶子揉碎后有臭味，所以别名“臭梧桐”。

海州常山是美丽的观花观果植物，花期很长，花后有鲜红色的宿存萼片和蓝紫色果实，非常悦目。

紫葳科 | 凌霄属

美国凌霄
Campsis radicans

又名厚萼凌霄。落叶木质藤本，原产美国，我国各地均有栽培。有气生根。羽状复叶对生，小叶 9 ~ 13 枚，卵状，基部不对称，边缘有锯齿。圆锥花序顶生，花大，花冠筒细长漏斗状，橙红色至鲜红色，花萼钟形，质地厚，5 浅裂，花期 6—9 月。蒴果长如豆荚，有硬质壳，果期 9—10 月。

凌霄以气生根攀附他物向上生长，自古以来人们对其一直褒贬不一。一种认为它节节攀登，志存高远，宋代诗人贾昌朝的《咏凌霄花》有云："披云似有凌云志，向日宁无捧日心。珍重青松好依托，直从平地起千寻。"一种认为它趋炎附势，虚荣炫耀，现代女诗人舒婷的《致橡树》写到"我如果爱你，绝不像攀援的凌霄花，借你的高枝炫耀自己"。

紫茉莉科 | 紫茉莉属

紫茉莉

Mirabilis jalapa

一年生草本。原产于美洲热带地区，我国南北各省均有栽培。单叶对生卵形或卵状三角形，全缘，两面无毛。花常数朵簇生于枝端，形似喇叭，有多种颜色（紫红色、黄色、白色或杂色），有香气，花期 6—10 月。瘦果球形，黑色，有棱，表面有褶皱，形似地雷，果期 8—11 月。

紫茉莉的果实坚硬，外形酷似地雷，所以俗称“地雷花”；其种子富含白色胚乳，干燥后变成白粉状，可敷在脸上做化妆品，因此又有“白粉花”之称。

《红楼梦》第四十四回：“宝玉忙走至妆台前，将一个宣窑瓷盒揭开，里面盛开一排十根玉簪花棒，拈了一根递与平儿。又笑向他道：‘这不是铅粉，这是紫茉莉花种，研碎了兑上香料制的。’平儿倒在掌上看时，果见轻白红香，四样俱美，摊在面上也容易匀净，且能润泽肌肤，不似别的粉青重涩滞。”

梧桐科 | 梧桐属

梧桐
Firmiana simplex

又名青桐。落叶乔木，原产我国和日本。树皮青绿色，光滑。单叶互生，掌状3～5裂，基部心形，叶柄与叶片等长。圆锥花序顶生，花小，无花瓣，萼片5枚，淡黄绿色，条形，向外卷曲，花期6—7月。蓇葖果5个，膜质，有柄，成熟前开裂成叶状，种子圆球形，果期9—10月。

梧桐树皮青翠，叶大形美，裂缺如花，是很好的庭园观赏植物和行道树，自古以来就和凤凰有着密切关系。“栽下梧桐树，引得凤凰来”之说最早见于《诗经·大雅·卷阿》的“凤凰鸣矣，于彼高岗。梧桐生矣，于彼朝阳”，《庄子·秋水》也说凤凰是“非梧桐不止，非练实不食，非醴泉不饮”。

卫矛科 | 卫矛属

冬青卫矛

Euonymus japonicus

又名大叶黄杨。常绿灌木，原产于日本南部，我国南北各省均有栽培。极耐修剪，是良好的绿篱材料。叶革质，有光泽，倒卵形或椭圆形，边缘有浅细钝齿。聚伞花序腋生，有花 5 ~ 12 朵，花小，白绿色，4 基数，花期 6—7 月。蒴果，近球状，熟后 4 瓣裂，假种皮橘红色，果熟期 9—10 月。

马尾沟教堂遗存

大叶黄杨是相对小叶黄杨（见第 40 ~ 41 页“黄杨”）而言的。这两种植物在北京被大量用作绿篱，园艺上随用大叶小叶区别，虽然不太准确，但却比较实用。大叶黄杨是卫矛科卫矛属植物，叶子大而且边缘有锯齿；小叶黄杨是黄杨科黄杨属植物，叶小全缘，从外观上很容易把它们分辨出来。

千屈菜科 | 紫薇属

紫薇

Lagerstroemia indica

落叶灌木或小乔木，原产于我国。树皮平滑，枝干多扭曲，小枝纤细四棱状。单叶互生或对生，近无柄，椭圆形。圆锥花序顶生，花大而美丽，花瓣6枚，淡红色或紫色、白色，边缘有不规则皱缩，花期6—9月。蒴果，椭圆状球形，6瓣裂，成熟时紫黑色，果期10—11月。

凝露堂前紫薇花两株每自五月盛开九月乃衰

【宋】杨万里

似痴如醉丽还佳，露压风欺分外斜。

谁道花无红百日，紫薇长放半年花。

紫薇开花时正当夏秋少花季节，从 6 月开始开至 9 月，花期很长，故又名“百日红”。

用手轻挠紫薇树干，则全株颤动不已，犹如人怕痒态，故称“痒痒树”。

紫薇又称“无皮树”，然而它并不是没有树皮，只是树皮薄而平滑，又易脱落，露出的新皮特别光滑而已。

锦葵科 | 木槿属

木槿

Hibiscus syriacus

落叶灌木，原产我国中部，广泛分布于我国中部、北部地区。单叶互生，菱形至三角状卵形，具深浅不同的3裂或不裂，有明显三主脉，先端钝，基部楔形，边缘具不整齐齿缺。花朵通常为红、紫、白各色，花瓣5枚或重瓣。花形钟状，花期7—10月，可食用。蒴果卵圆形，种子肾形，成熟种子黑褐色，果期9—10月。

木槿有多个别名，都形象地说明了它的特性。

比如朝开暮落花，木槿每朵花都是早上开放，傍晚凋谢，有“槿花不见夕，一日一回新”之说。

又如无穷花，木槿单花寿命虽然只有一天，但是花苞会连续不断地开，全株花期可长达4个多月，因此，韩国人也称它为“无穷花”，并把它定为国花。

豆 科 | 槐 属

槐

Sophora japonica

又名国槐。落叶乔木，原产于我国，南北各省均有栽培。奇数羽状复叶，小叶 4 ~ 7 对，卵状长圆形，先端渐尖。圆锥花序顶生，蝶形花，淡黄绿色，略有芳香，花期 7—8 月。荚果肉质，念珠状，果期 8—10 月。

北京市市树之一（另一种是侧柏）

槐树在古代是三公宰辅之位的象征，出自《周礼·秋官》的“面三槐，三公位焉”。古汉语中槐官相连，如槐鼎，比喻三公或三公之位，亦泛指执政大臣；槐位，指三公之位；槐卿，指三公九卿；槐蝉，指高官显贵。自唐代开始，槐树被认为是科举吉兆，举子赴考称踏槐或踏槐花，应试的月份称槐黄。

景山蝴蝶槐，二级古树

豆　科　|　槐　属

蝴蝶槐

Sophora japonica 'Oligophylla'

槐的品种，又名畸叶槐或五叶槐。小叶 3 ~ 5 枚，簇生，大小和形状均不整齐，顶生小叶常 3 裂，侧生小叶下部常有大裂片，叶背有毛。

豆 科 | 槐 属

龙爪槐

Sophora japonica f. pendula

槐的变种，又名蟠槐或倒栽槐。枝条扭转下垂，蟠曲如龙，奇特苍古，树冠伞形。

槐 | 豆科　槐属

Sophora japonica

识别要点：

（1）叶片卵状长圆形，先端尖。

（2）圆锥花序上升，花淡黄绿色，略有芳香，花期7—8月。

（3）荚果念珠状。

刺槐 | 豆科　刺槐属

Robinia pseudoacacia

识别要点：

（1）叶片卵状椭圆形，先端圆或稍凹。

（2）总状花序下垂，花白色，芳香，花期4—5月。

（3）荚果扁平状。

松科 | 雪松属

雪松

Cedrus deodara

常绿高大乔木，原产于喜马拉雅山脉西部，现世界各地广泛栽培。树冠尖塔形，大枝平展，小枝略下垂。叶针形，质硬，灰绿色，在长枝上散生，短枝上簇生。雄球花大，长卵圆形，雌球花小，卵圆形，花期10—11月。球果直立，椭圆状卵形，成熟前淡绿色，成熟后红褐色，次年10月成熟。

禾本科 | 刚竹属

金镶玉竹

Phyllostachys aureosulcata 'Spectabilis'

常绿乔木状多年生草本植物，原产于我国，北京常见栽培竹种。竹竿金黄色，纵槽绿色，竿环隆起高于箨环，部分竹竿基部 2 或 3 节呈“之”字形弯曲；竿色美丽，主要供观赏。笋可食用，笋期 4—5 月。叶片披针形，宽达 1.8 厘米，每小枝有叶 3 ~ 5 枚。

竹子会开花吗？

很多竹子都是多年生一次开花的植物，即一生只开一次花结一次果，而且竹子寿命通常比较长，开花周期从十几年到上百年不等，所以我们一般很难见到竹子开花。

禾本科 | 刚竹属

早园竹

Phyllostachys propinqua

常绿乔木状多年生草本植物，原产于我国中部和东部，北京常见栽培竹种。节间全为绿色，新杆被厚白粉，竿环微隆起与箨环同高；竹材可劈篾供编织，整竿宜作柄材、晒衣竿等。笋期4—5月。叶片披针形，宽2 ~ 3厘米，每小枝有叶3 ~ 5枚。

竹子开花

竹子开花会死吗?

早园竹、箭竹、毛竹等多数竹种开花会消耗掉毕生积蓄的养分，所以它们一旦开花结果便会枯死，就连所连接的地下茎也失去萌发能力。斑竹等少数竹种开花后则是立竹枯死，但地下茎仍然活着，还能再生出新笋。水竹、花竹和慈竹开花后几乎没有什么变化。

索引

后 记 | 一本设计师写的植物书

作为北京林业大学一名设计类专业教师的我，经常遇到有人问我“这是什么树？”“那是什么花？”的情景，当时我只能尴尬地告诉他们，我也不认识，大家顿时一脸不可思议的表情，好像林大每个人都应该很懂植物才对。

被问多了，我便逐渐开始留心身边的植物。一是兴趣使然，二是植物的确很美，很吸引人。几年过去了，我现在可以自豪地说我非常熟稔北京常见的植物，或许不谦虚地说是设计师里最懂植物的人了。

在多年探寻植物的过程中，我越来越发现植物不仅具有美丽的身姿，而且蕴含着许多传统文化，很多民俗、诗词、成语都和植物密切相关。大自然中的各种植物遵循着各自的生长规律，随着斗转星移，花开花落，蕴藏无限哲理。但如何能让更多的人了解它们呢？我萌生了为大家创作一本能快速变身为“植物达人”的植物书。

本书从策划到出版经历了五年默默的积累。2012年我们开始了漫长的植物拍照过程，这项工作一直延续至今。我们的照片不仅要拍得美，而且要能展现植物特征，除了美丽的花朵，其他不曾被大家留意的叶、果、树皮、整株都是我们留心积累的素材。到今天为止，我们已经积累了400多种植物5万余张照片。2016年为了本书需要，我们跑遍了故宫、天坛、太庙、国子监、颐和园、北海、八达岭长城、什刹海、大觉寺等地，追寻古树的身影。

从2015年开始，我带领团队历时两年完成了书稿，后又潜心设计，制作成书。本书的设计基本达到了我们的初衷：融科学性、文化性、艺术性和时代性于一体，展北京植物之美。虽然名为北京花开，但许多植物也遍布京津冀及广大的北方地区，很多植物即使在我国南方也有分布和栽培。

虽然是一本设计师写的植物书，但是我们非常注重植物知识的专业性，从植物分类、每个细节特征的表述到每张图片的选择，都进行认真考究；我校观赏园艺专家于晓南教授和植物学新秀余天一同学逐图逐字逐句多次审定全书；我校众多植物专家对我们提出的任何疑问都给予了前沿权威的及时解答。也因为是一本设计师写的植物书，所以才能更了解一个普通大众的兴趣点，真正做到写给大家看。本书的内容同样吸引了众多植物专业人士，做到了专业和通俗并重。

作为一本设计师写的植物书，我们格外注重图书装帧，从图片拍摄到选图、修图，从封面设计到版式排版，均由我们团队完成，希望能打造出一本内容美和形式美相统一的植物书。

本书的数字内容主要来源于我们2013—2015年期间完成的一个作品“植视界”，这是一个基于二维码的植物科普项目，用户可以使用手机扫描植物挂牌上的二维码标识，然后进入相应植物页面，其中包括植物简介、精美的植物图片，以及有趣的植物知识。“植视界”在北林校园中已经应用三年多时间，采用中国风风格设计的树牌早已成为北林一道亮丽的风景线，经常出现在校友的各种照片中；更重要的是，内容设计经受住了北林众多专业人士和植物爱好者的审视。

本书的出版得到了我们绿像素团队很多成员的积极参与，主要有于晓南、曹琦、金辰、武丽莎、余天一、丁禹懿、杨亚杰、徐玲玲、牛恒伟、牛菁、李妙妍、王丽云、李婧婧、李洺葭、马丽莉、何理、陈凯、姬洪瑜、罗文彬、李邢贵子、董妍彤、聂梦婕、孙巾淇、李霞等。本书凝聚了每一位参与者的心血，在此，一并表示感谢！

在本书创作过程中，有幸得到了众多朋友的帮助，北京理工大学范春萍老师、中科院科学传播局徐雁龙老师、清华大学艺术与科学研究中心王旭东老师、九州出版社于善伟老师和我校穆琳老师都提出了很多宝贵意见；段炼老师提供的亦庄泡桐大道照片使图书增色不少；我校园林学院梅花专家吕英民教授和实习林场邓高松高工对梅花品种进行了鉴定，并提供了最新分类方法；博物君张辰亮、王西敏、余天一都为本书撰写了非常精辟的推荐语；科学普及出版社的李红和何红哲两位编辑的认真专业的态度令我们非常感动，紫苏文化的廖宏欢老师全程参与策划了本书，在此一并表示深深的谢意。

北京植物之美是要用心去体会的。本书是我们一次非常用心的尝试，疏漏在所难免，恳请读者指出本书的不足，甚至错误之处，以便我们再版时加以改正。

韩静华

2017年3月10日

作者简介

韩静华，北京林业大学艺术设计学院副教授、系主任，北林绿像素工作室负责人，研究方向为植物科普、新媒体艺术和交互设计。北京理工大学工业设计系本科、设计学硕士，清华美院访问学者。近年来致力于在大众层面传播植物知识，主持多项省部级项目和横向项目，均和植物科普有密切关系。主要作品有《植视界》《红松林之歌》《植物点点看》等，受到北京卫视、《中国绿色时报》《北京晚报》《现代教育报》等多家媒体报道，多次获梁希科普奖、北京科普动漫创意大赛奖项。

团队介绍

北林绿像素工作室

总 策 划　　韩静华　廖宏欢

设计总监　　韩静华

封面设计　　金　辰

版式设计　　金　辰　韩静华　曹　琦

排　　版　　金　辰　武丽莎　曹　琦

数字内容　　丁禹懿　曹　琦　武丽莎　徐玲玲　牛恒伟　牛　菁　李妙妍　王丽云　李婧婧
　　　　　　李洺葭　马丽莉　何　理　陈　凯　姬洪瑜　罗文彬　孙巾淇　李　霞

植物摄影　　陈　凯　韩静华　杨亚杰　余天一　武丽莎　李邢贵子　董妍彤　聂梦婕　段　炼

插图绘制　　曹　琦

专业审校　　于晓南　余天一